解答所有麵包的為什麼？

麵包製作的科學

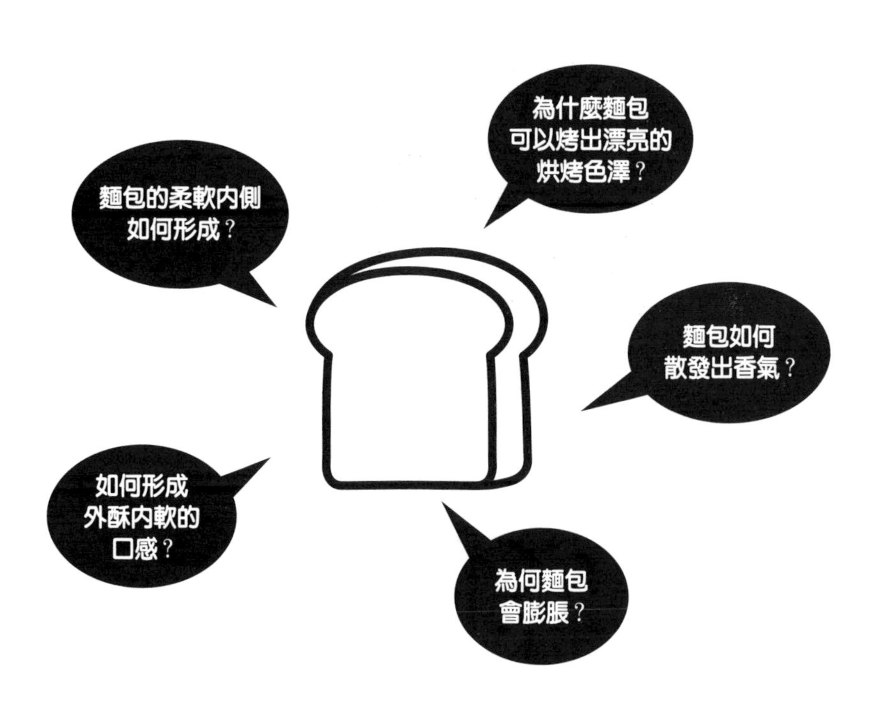

大境文化

前言

大約是去年秋天吧，我接受了(株)誠文堂新光社撰寫這本書的請託。

內心深感喜悅地接下這份邀約，想起來就像是昨日般鮮明。在幾經編集會議後完成了企劃書，想著要在開春之後著手進行。全面性的囊括了關於麵包的所有內容，因此無論是初學者或是精準熟練的專業人士，只要是對麵包抱持興趣與關心，都能夠輕易地閱讀本書。最初很簡單地有了這樣的考量，但「無論是誰都能閱讀的書」卻意外地困難，一旦坐在電腦前更是停滯難有作爲，就這麼轉眼過了二個月。這當中思考的方向，其一是增加與麵包相關的類別及內容；另一方面，更增添普及與流通、基本與運用、過去與現在 ... 種種實例來輔助內容。並且強化最新的統計資料與資訊。

感謝各方領域的舊識與朋友，提供了最新的情資數據。網路世界與媒體的普及，使得許多資料更能確實掌握。終於在大家的協助之下，順利地完成本書。並在秋天出版了這本『麵包製作的科學』，在此向(株)誠文堂新光社，以及協助本書各學術業界及麵包業界的諸位友人，致上無限的感謝。

在本書中，將極為不可思議的食品麵包，以科學的觀點採不同角度，介紹給諸位讀者。此外，文章也儘可能地以平易近人的方式，來表現過去被認為困難的專門用語或是化學程式。但是在「麵包的材料和作用」或是「麵包製作的理論」... 等篇章中，若沒有製作麵包與科學的基礎知識，或許會有一些些理解上的困難，因此特別下了一番工夫，希望至少能夠傳達出其樣貌；並且也試著用文章，著眼於麵包製作的「直覺」或「訣竅」。其他的部分也導入了麵包的歷史及文化。除此之外，很汗顏地加入了我個人「麵包製作經驗談」的篇章。放入了如此豐富多樣概念與想法的這本書，誠心地希望能夠對麵包感興趣的讀者們，有所助益。

最後，在此向參與本書原稿製作的HAPPYBOOK代表，鈴木和可子小姐；原稿編集校正的辻靜雄料理教育研究所的小阪HIROMI小姐；以及描繪了幽默易懂插畫的École辻大阪的栗田直美小姐，致上最深的感謝。

平成二十四年九月吉日

辻調グループ 麵包製作專任教授　吉野 精一

第5章 麵包的材料和作用

第6章 製作麵包的理論

第7章 應用篇

第8章 麵包製作的經驗談

第9章 想要更瞭解麵包的 Q&A

單點課程 ONE POINT LESSON

第 1 章

什麼是麵包？

若被問到，究竟麵包是何種食物呢？或許答案有些死板，但應該可以簡而言之的說是：「多半以麵粉爲原料，利用酵母的酒精發酵、加熱、烘烤而成的食物」。利用酵母的力量使其膨脹，藉由烘烤孕釀出香氣。剛烘烤完成的麵包呈現出的香氣及口感，刺激著我們的五感進而引發食慾。因此，不分男女老少地倍受喜愛，古今中外，麵包做爲世界各國主食，或是喜好的食品而聞名。

曾經以首都圈中心爲主要市場的自家烘焙麵包店，現在也推展至日本全國各地，在主要的市鎮村 ... 等地區，也能見到當地首選的店家或優良商店。即使不出遠門也可以在住家周遭輕鬆地購得美味麵包的生活環境，也讓自美好遠古以來所傳頌的日本米食生活，產生了莫大的改變。

不知不覺中成了「沒有主食的民族」...

很多日本人幾乎每天都吃麵包。對現代日本人而言，麵包究竟是什麼樣的定位呢？

大約在70年前，日本人的主食是米飯。早中晚都是米食，米飯是飲食生活中不可或缺的食物。但反觀現今，白米的消費量減半，白米與麵包的銷售幾乎相等。依照平成23年(2011年)年日本總務省「家庭經濟調查」顯示，每年每一家庭(2人以上)，購買麵包的金額大於3萬2千日圓，購買的麵包類約有45kg，若以1斤400g* 的吐司麵包來計算，則是約112斤。現代人，相較於米食，更多是食用麵包或麵類食品，飲食生活的多樣化，隨時在改變進行之中。隨著熱量來源之主食的多樣化，日本人在不知不覺中成了沒有主食的民族了。有鑑於此，筆者認爲「米飯及麵包都已不能稱之爲主食，而應是基礎食品」。

編註：＊日本吐司以"斤"爲單位，不是台斤或公斤而是指英斤，僅使用在麵包的計量，1斤通常是400g左右。日本規定，市售1斤的麵包不得低於340g。

麵包消費的契機始於昭和25年(1950年)學校的營養午餐，接著年年持續增加，至現今日本，已是全球中屈指可數的麵包消費大國。而若是以比例來看，支持著日本麵包消費的日本麵包及麵粉品質也是世界第一，以粉類製造爲始的各種原料廠商、麵包製作的水準，也被評爲全球之冠。麵包種類更是其他國家難以望其項背，只要在日本，就能夠品嚐到世界各國最有名的麵包。

每天都能享用到世界各國麵包的環境，全球當中應該也只有日本吧。

表格：2011年(平成23年)都道府縣廳所在市別，一個家庭中1年麵包之支出金額(出自總務省「家庭經濟調查」)

	餐食麵包	其他麵包	調理麵包	合計
全國平均	8,635 日圓	19,685 日圓	3,869 日圓	32, 189 日圓

＊麵包的分類

餐食麵包	包括橢圓餐包、牛奶吐司、葡萄吐司、法國麵包、奶油卷等
其他麵包	果醬麵包、紅豆麵包、菠蘿麵包、果醬吐司、油炸類麵包、俄式餡餅麵包（Pirozhki）、可頌、蒸麵包等
調理麵包	可樂餅麵包、炸豬排麵包、三明治、熱狗麵包、漢堡等

註）以上表格爲總務省所公告之資料，麵包分類及名稱對生產者或消費者而言，也許會有略不相同的用詞出現。

一天之內能享用多國料理的日本人

據說約有1800萬個家庭(約佔全部家庭的一半)以吐司麵包做爲早餐。早晨起床後，最先享用的餐食例如是吐司配咖啡，午餐是義大利麵或拉麵等麵類，接著晚餐則是米飯，一日三餐都食用米飯的日本人已經極爲少見了。一天的飲食生活當中，西式餐點(法式料理、義大利料理)、中式料理、日本料理等多國料理，都可以很容易享用取得的國民，以廣闊的全世界而言，大概也只有日本了吧。請大家想想自己的飲食生活形態。您今天食用了幾個國家的料理了呢？

雖然會被揶揄成「飽食」，但日本人無論是在食、衣、住 ... 無一不是追求日新月異，特別是在飲食方面，對於珍饈美食的貪慾更是心中的最愛。

日本人喜歡柔軟的麵包！？

或許這是個有點引起誤解的標題，但是在能夠享用到世界各國，各式各樣麵包的日本，事實上的確有食用較多柔軟、軟質麵包的傾向。這應該是因爲以下幾種理由所造成。

首先，可以說是受到日本人傳統主食米飯的影響。日本人因爲食用烹煮過米飯的習慣，從遠古彌生時代開始食用的米粥，至平安時代的強飯（蒸過較硬之米飯）與姬飯（煮過略硬的飯糜）。接著還有蒸過的糯米搗揉成麻糬般的食品。終於到了江戶時代，開發了蒸籠，才確立了現在大家所食用的白米飯時代。在這2000年的過程中，日本人還是習慣於水分較多、較爲柔軟的粥或具潤澤口感的米飯，以及具彈牙口感的柔軟麻糬。此外，約從室町時代開始有了麵粉製成的麵類登場，爾後也愛上了細麵或冷麵滑順的口感。幾乎可以確定地說喜歡具潤澤、柔軟口感的食物，對日本人而言是歷史傳下來的喜好。

第二，是麵包的硬化問題。明治維新之後，隨著與英國、德國等歐洲各國的頻繁交流，西方的飲食文化也隨之大量傳入。麵包也毫無例外，歐洲各國的麵包師父也來到了日本，並將自己國家的麵包介紹至當地。當時的麵包，是以英國麵包，加上法國麵包、德國麵包以及俄式黑麵包（裸麥麵包）等硬質麵包系爲主，是種結實有嚼感的麵包。這些麵包放置後會產生硬化，變得乾且硬，因此在歐洲有將變硬的麵包浸蘸咖啡或湯品，使其軟化再食用的習慣，但這樣的習性似乎在日本並未被接受。反而是到了明治時代，日本做出了特有的糕點麵包，進而加以發展。紅豆麵包、奶油麵包等，用口感潤澤的麵包麵團包裹膏狀內餡，這就是東西合體、折衷的軟質麵包的首推代表。糕點麵包可以說是完全符合且貼近日本人的喜好。即使是現在，糕點麵包類仍是銷售業績 NO.1的商品群，這也是日本人喜好糕點麵包的最佳證明(請參照 P.16)。

第三，應該也與世界大戰後，麵包的發展有很大的關係。昭和20年代後半，開始以美國主導的潮流中，有著雪白鬆軟柔軟內側(麵包內側)的吐司麵包登場，接著之後的數十年都以市場上最具代表性的麵包而存在。以日本人的考量，此麵包最大的優點就是不需花太多工夫，也可以直接與果醬一起食用，非常簡單方便。正因爲如此，才會擴展成爲過半的家庭都能接受的早餐麵包。而早餐組合中，咖啡搭配鬆軟的餐食用吐司麵包，應該是人氣 NO.1，最受歡迎的組合吧。

有鑑於以上的要素及原因，即使說「大多數的日本人喜歡柔軟的麵包」也不算言過其實。

pan 與 bread

在日語當中，pan 的語源是由葡萄牙語而來。那 bread 呢？則是由英語而來。那麼放眼世界又是如何稱呼呢？以歐洲爲主的各國好像也分成「pan」與「bread」兩派。「pan」是由拉丁語的「panis」衍生而來，雖然原來廣義地泛指「食物」的意思，但隨著時代的演進就固定成「pan」的意思了。「pan」，就像是葡萄牙語的「pao」、西班牙文的「pan」、法文的「pain」、義大利文的「pane」等。

另一方面，「brauen」是由日耳曼語衍生而來，雖然原意是「釀造」，但後來因發酵作用的原故，而被用於麵包上，則成了「bread」。例舉使用「bread」的各國，則有英文的「bread」、德文的「brot」、荷蘭文的「brood」、丹麥文的「brød」等。

日本的麵包

雖然名稱有 pan 或 bread，但所謂的麵包若要以世界共通的定義而言，無論如何思考，或是如何尋找文獻，都很難找到能明確地回答「就是這個！」的定義。麵包在許多風土氣候皆異的世界各地中，都是做爲主食的食物，因此很難用簡單概括的一句話加以定義。事實上，不光是其種類，包括調理方法(烤焙、烘蒸、油炸等)、形狀(大型、小型等)、發酵過的、未發酵過的 ... 等等，這些總量無可數計。在日本國內，農林水產省利用「麵包類品質表示基準」，將麵包類定義如下。

麵包類的定義

❶ 以麵粉或麵粉中添加穀類粉末爲主要材料，在此材料中添加酵母或是添加水、食鹽、葡萄糖等果實、蔬菜、雞蛋或其加工品、砂糖類、食用油脂、乳製品或牛奶等混拌而成，使其發酵後烘烤，水分佔10% 以上者。

❷ 將紅豆餡、奶油餡、果醬類、食用油脂等包裹至麵包麵團，或是折疊於其中、堆放在麵包麵團上烘烤而成，烘烤後麵包麵團的水分佔10% 以上者。

❸ 在1當中包裹填入餡料、蛋糕類、果醬類、巧克力、堅果、砂糖類、麵糊類以及乳瑪琳類，食用油脂等乳霜狀加工食品，或是夾入、或刷塗者。

在此提及的麵包，指的就是「發酵麵包」。放眼世界各地，雖然也有不經發酵製作的麵包，但還是可以說麵包的主流，仍是以發酵製成的爲首。

◎ 何謂發酵麵包呢？

日本的麵包與世界各國政府同樣地，爲求明確標示食品加工，由監督行政單位制定出麵包的各種定義，但也正因公家機構所爲，因此無可避免地在標示上有些小小困難之處。

發酵麵包，遠在開始爲它定義的數千年前，就已在埃及、美索不達米亞廣爲流傳食用了。原型應可以想像成是以小麥爲原料的麥粥或是煎餅類的食物，但由於當時也同時盛行釀造啤酒，因此煎餅麵糊等材料與啤酒渣一起混拌後，煎餅麵糊會因而膨脹起來。或是剩餘發酵的粥，加入新磨的大麥或小麥粉和水一起混拌，也一樣會膨脹起來。這些可以推測出發酵麵包誕生的經緯。

無論如何，當時的麵包是利用生存在自然界的酵母，或乳酸菌等微生物，在煎餅或麥粥中繁殖發酵，進而產生二氧化碳充滿在食材中，使食材呈現膨脹狀態。

這種現象以現代的定義來解釋，即是所謂的發酵麵包，就是利用以酵母爲主的微生物，在麵粉爲主的穀物粉類中，加入了水、鹽以及其他材料一起混拌而成的麵團，得以發酵膨脹後，再加熱(烤焙、油炸、烘蒸等)完成的成品，應該可以如此簡單地加以解釋。

更精簡而言，應該可以如下的表示吧。

發酵麵包＝(穀物粉類＋水＋鹽＋酵母＋α)× 揉和 × 發酵 × 加熱

再者，即使簡單一句發酵麵包，卻是從鬆軟的餐食麵包，到表皮酥脆且有嚼感的法國長棍麵包都包含於其中，有爽口的鹹麵包、也有糕點麵包般香甜柔軟的麵包，雖然這些都確實是發酵麵包，但外觀、風味以及食用的口感，卻大相徑庭。如此相異之處又是從何而來的呢？

例如，柔軟膨鬆的麵包（軟質麵包）的麵團，完成時也是揉和成延展度良好的柔軟麵團。帶有光澤且略略呈現黃色、觸感宛如肌膚般的光滑狀態。這樣的麵包麵團，一般都是配方中添加了較多的奶油、雞蛋、砂糖等材料，被稱爲 RICH 類（RICH ＝口感豐富、濃郁）麵包。相較之下也使用了較多的酵母，因此多半是發酵時間較短的麵包，分割→滾圓→整型→最後發酵的作業也會及早迅速地接著進行。

另一方面，具有嚼感、堅硬烘烤的麵包（硬質麵包），是藉由麵粉本身所產生的風味，以及因發酵而散發出的獨特香氣及口感，來品嚐享受其美味的樸質麵包，因此揉和完成後是略乾且柔軟度略嫌不足的麵團。麵團表面帶有沾黏感，稱不上觸感良好的表面。這樣的麵包麵團一般是沒有添加奶油、雞蛋、砂糖等材料的配方，所以稱之爲 LEAN 類（LEAN ＝少油脂，低糖油成份配方）麵包。酵母的用量也儘可能地加以限制在最低，因此大多是長時間發酵，並且大部分在發酵過程中會進行排氣壓平的步驟，分割→滾圓→整型→最後發酵的作業也會用緩慢的速度來進行。

麵包的系統

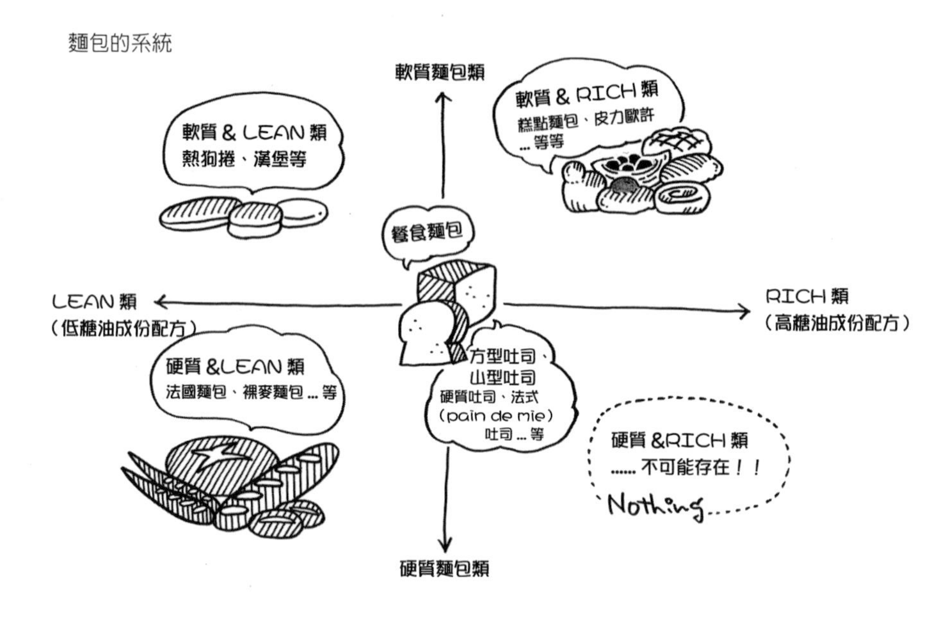

再加上最後的烤焙，軟質 RICH 類（高糖油成份配方）的麵包，因使用了大量易於呈色的食材，因此容易焦化必須使用較低的溫度來烘焙。反之，硬質麵包是 LEAN 類（低糖油成份配方）的麵包，材料中麵粉和水分佔了一半以上，呈色較差所以必須用較高的溫度確實進行烘烤。

這些僅只是其中一例，但即使是相同的發酵麵包，有從攪拌開始至完成花不到2個半小時即可；也有需要數小時才能完成的麵包。此外，也有些使用天然酵母的特殊麵包，光是酵母種與麵團的發酵，就需要花上一週以上的時間。

我們的生活當中，許多陳列在麵包架上或超市貨架上的各種各式麵包，但各位可曾想過，爲了彰顯這些不同種類的麵包特性、特徵，卻是麵包師傅、廠商焚膏繼晷、夜以繼日地加以研究開發而來。麵包的製作方法、製作過程、各式材料及設備等的研究開發，不分晝夜地進行著，即使單純的稱爲「發酵麵包」，卻也是日日不斷地進步、使其能改變呈現更多樣化。

麵包的存在較人類更爲悠久。

〈匈牙利〉

第 2 章

麵包的歷史

麵包的起源和歷史

地球上約有70億的人口。其中被一半以上的人口視爲主食，或是習慣食用的食品就是麵包。對照起現在豐富多樣的麵包，腦海隨之浮現的是「何時？」、「由誰？」、「何種形態？」、「如何製作？」等各式疑問。據推測人類與麵粉的交集約始於1萬年前，但是麵包的產生卻晚了5000年之久。橫亙在這漫長5000年的歲月之間，人類究竟在小麥田中做了什麼？

要解開論及麵包歷史的樞鈕，不得不使用某些程度的推測。本章節中，是以各類文獻及資料爲基礎，再加入筆者本身的推論來談及麵包歷史。

年表：麵包的歷史

新石器時代(B.C.5000~2500)

- 開始農業、畜牧。
- 由採集經濟發展至生產經濟。
- 定居生活、成立農耕村落。
- 用石塊碾碎穀物與水同時食用(粥狀食物)。
- 出現麵包原型的食物(混拌水和粉類烘烤成煎餅般的食物)。(B.C.3500年前遺留在歐洲被挖掘出來的化石)。

青銅器時代(B.C.2500~1000)

- 4大文明的發祥(埃及、美索不達米亞、印度河、黃河)。
- 以河川為中心地發展出生產農業。
- 用青銅器碾碎穀物。
- 在埃及出現發酵麵包。

古埃及時代(B.C.3000~1200)

- 由混拌水和粉類烘烤成煎餅般的食物，發展成發酵麵包。
- 推斷古王國至中王國時代，每人每天麵包的攝取量為700~800g。
- 古埃及人的觀念中，麵包為「生命的食物」。
- 麵包是支付的一種貨幣。(官吏的年薪：壺360杯的啤酒、900個上等白麵包、36000個普通麵包等)(市民稅金／年：壺4杯的啤酒、10個上等白麵包、400個普通麵包等)
- 灶窯的發達。

古希臘時代(B.C.3000~A.D.200)

- 向埃及人學習麵包烘烤的技術。
- 改良碾磨石臼。
- 使用果實，發現酵母種。
- 開始在麵包中添加各式各樣的辛香料。
- 出現麵包師父。

古羅馬時代(B.C.3000~A.D.1100)

- 在羅馬出現麵包師父並以此為業。
- 藉由法律管理麵包店，並成為世襲制度。
- 揉麵機器及具特色的烤窯更為發達。
- 麵粉製作、麵包製作的方法更為發達。

中世紀歐洲(A.D.1200~1800)

- 在十一世紀出現了Guild(職業工會)。
- 依法令對麵包規格及麵包店之營業權等，進行詳細的規範指導。
- 修道院對於麵包的發展佔有顯著的助益。
- 開始與美國大陸有了交流，也帶動改變了歐洲的飲食文化。(例如：玉蜀黍渡海流傳至歐洲並開始進行栽植)

近世(A.D.1800~1900)

- 由於以歐洲為主的人口急遽增加，麵包的需求也隨之增加。
- 已經明確知道釀造啤酒時產生的濃縮酵母，適合用於麵包製作。
- 隨著糕點的發展，麵包也開始使用各式各樣的副材料。

現代(A.D.1900~)

- 正式開始農業技術的合理化及工業化。
- 開始嚴格進行營養及衛生管理。
- 在美國，首次以工業生產出麵包用酵母。
- 開始了工業化製作麵包，也開發出各種麵包的製作方法。
- 隨著副材料(乳製品、油脂、其他添加物)的發展，麵包的種類也飛躍式地大幅增加。

開天闢地的昔日

過去我們的祖先畫圓而坐，以手就食。食物應該就是大小不一的果實和幼蟲。爲了能捕捉採集，老祖先們做出了長型木棒或石製鋤具。

日日採食樹果及幼蟲的先人們，開始有了想要更多不同食物的慾望。於是蘊釀出了採集用的木製刺槍和石鎚，可以捕食山林間的野獸；刺捕海中的魚類做爲糧食。最初生食的肉類，至殘餘風乾、發展至日後的晾乾保存，進而可以不需每天漁獵即可飽食。

在每日如此的生活當中，先人們經歷了不可思議的體驗。那就是在某個幽暗的黑夜中目擊了熊熊燃燒的火光。恐怕是自然界起火所引發的火光吧。火光照亮了黑夜，溫暖了寒冷的身體，因而懂得要將手邊各式食材經過火烤或加熱來食用。火種自然是被仔細重要地加以保存，而當某天習得鑽木取火之後，先人們開始進入以「火烤」、「煮食」等烹調方法爲主的飲食生活。

於此同時，老祖先們也將注意的焦點轉移至自然野生而成的大麥、小麥和燕麥等穀物上。當瞭解了每年可以採收一次或兩次麥穗後，試著收集並儲存這些麥穗。並且將其碾碎成粉後加水煮食。這就是「粥」的原型。接著將這些粉類與水混合揉和之後，壓成薄片火烤，這樣的「煎餅」應該就是麵包的初始，也可以說是無發酵麵包的原型。之後，利用植物纖維或動物毛髮編出「網篩」，利用網篩除去穀物中的外殼，進而成功地取得碾磨後的粉類。

發酵麵包誕生的古埃及時代

距今5000年前的遠古埃及，在老祖先們發現穀類，並經過漫長歲月發明了利用大麥發酵製成啤酒的同一時期。將榨出啤酒的酒渣有效地加以利用，發明了混拌小麥的發酵種。由啤酒榨乾的酒渣產生的發酵種香氣芬芳，因此將其加入一直被食用的煎餅中，一起火烤。發酵種的作用使得煎餅因而膨脹起來，這就是發酵麵包的誕生。

這種發酵麵包就是被稱爲「烘餅 galette」的扁平烤麵包，也被認爲是世界上最古老的麵包，可說是現今食用發酵麵包的原點。因此可以認定，約距今5000年前，先人們已經開始食用現今麵包的原型了。

對古埃及人而言，他們認爲麵包是「生命的食物」。除了是日常生活的主食，也是供奉神祇的供品，更代表著官吏的薪資。

根據當時的資料，埃及人每天每人約消費700~800g的麵包，做爲官吏的年薪，發現曾經有留下「壺360杯啤酒、900個上等白麵包、36000個普通麵包」的記錄。順道一提的是，也有留下當時稅金的記錄，是壺4杯的啤酒、10個上等白麵包、400個普通麵包。

◎ 麵包與宗教的關係

麵包與宗教有密切的關係。特別是基督教中，麵包是主耶穌基督的聖體，葡萄酒則是聖血，聖經中不下數百次地提及麵包和葡萄酒。顯示這對當時的人們而言，是多麼重要的存在，在聖經作爲「教導」及「戒律」的題材中，麵包也不斷地被提及。此外，舊約聖經是猶太聖經之基礎，包括猶太教在內，如此提及麵包的經典並不多見。特別是舊約聖經當中，「請烘烤並食用無添加菌種的麵包」之類的標題頻繁出現，除了戒律上推行食用無發酵彷彿煎餅般的麵包，同時也糾察「添加了菌種的麵包」並禁止食用。於此，可以想見「無添加菌種的麵包」反映了當時的時代背景，再更深入追究後說明如下。

過去以來聖經的舞台是埃及北部與美索不達米亞地區(中東、近東地區)附近，可以推測其周邊土地肥沃、氣候溫暖，是適於穀類生長的自然環境。從農耕栽培大麥和小麥開始，再將收穫的種子碾磨成粉，烘烤成麵包等二次加工，可以證明人們對其注入了熱情。當然可以想見以其做爲主食，用大麥或小麥焙烤成煎餅或麵包。當時的埃及人，已經將釀造啤酒後殘留的啤酒渣拌入麵粉當中，製成麵包種來烘烤麵包。因此，能烘烤出即使不如現代，也較原始煎餅更加膨脹、內部紮實的麵包，這點無庸置礙。雖然這僅是個人觀點，但對當時成爲埃及人奴隸的猶太人而言，面對這樣大口暢飲啤酒、大口咀嚼經發酵大型麵包的埃及人，心中有著怒氣，推測是否因此而否定了「添加菌種的麵包」？但有趣的是關於葡萄酒，如前所述，雖然頻繁地被提及，但關於啤酒的部分卻是隻字未提，是否也是因爲相同的原因而無視其存在呢？無論如何，之後撰寫猶太聖經的猶太人，對埃及王朝與埃及文明都有強烈的批判。

如前一段所說，麵包與世界宗教有著強力的連結，因此只要是深入研究麵包的歷史與發展史，就無法忽視這些宗教所帶來的影響。超過2000年後的現在，在以中東、近東或西亞爲中心的猶太教或伊斯蘭教各國，仍以麵粉製作無發酵的麵包爲主食，利用戒律嚴格的猶太潔食認證（Kosher）或清真認證（Halāl）的立法，將飲食製作或用餐的具體事項加以規範。

■ 固定飲食形態的背景

聖經中的麵包，有時是神的一部分；有時是祭神的聖品；又有時是人類止飢的食物，麵包會因其狀態及需求而呈現不同的存在意義。這可以顯示出麵包對人類而言，不單只是食物，也可以是物理性、精神性的存在。

藉由理解麵包與宗教的關連，也就不難理解歐洲或西亞人以硬質煎餅般的麵包做爲主食，或即使烘烤，經過數日已然變成硬如石頭般的硬麵包，也都絞盡腦汁、絲毫不浪費地食用的原因了。

同樣的狀況也可以由日本人的飲食中一窺其貌。在日本的主食是米飯，新年時是供神的貢品，由米製成的酒稱之爲神酒，就如同聖經中的葡萄酒般，深切地與信仰結合。日本人由剛炊煮完成的熱米飯，至做成茶泡飯的冷飯，以至製成糒(曬成乾燥的米飯)，都是爲了不浪費食物而衍生的智慧。

無論是麵包或是白飯，該土地傳承下來的飲食，必定有著該地區的文化、宗教、或社會倫理觀念等背景。無視其背景，固定飲食習慣是不可能發生的。誠如第1章所說，現今的日本是富有世界各國難以望其項背，多樣變化的麵包消費國，雖然麵包的消費仍是後勁看漲，但這樣的麵包餐食，在日本國內接下來要如何紮根發展呢？或許我們也必須眞誠地重新審視，是否具有能讓麵包成爲固定飲食文化的風土背景和文化呢？

麵包開始產生可能與變化的古希臘時代

到了希臘時代，麵包遠渡地中海後開始有了新發現。希臘人從埃及人身上學習到了麵包烘焙的技術，發明了石臼、發展了網篩，開始逐漸能夠獲取到細白的麵粉，也使得麵包開始有更多加工的可能性。

遠渡地中海的麵包，遇上了希臘的橄欖油，在土耳其的地中海邊則遇見了芝麻油。不光是油品，連世界上最古老的甜蜜調味料—蜂蜜和山羊乳都被用上了，使得麵包得以有更多的變化。使用果實而發現了酵母種，在麵包中加入各式各樣辛香料，麵包不僅僅是主食，也可以成爲大家喜愛食用的嗜好點心。

即使是現今仍被加以利用的二段式烤窯的出現、專業麵包師父的登場，都從這個時代而起。麵包開始由專業麵包師父藉著公共烤窯烘烤而成。

確立麵包製作技術基礎的古羅馬時代

到了羅馬時代，東西交流更加盛行。因而有更多特色食材也同時流入，添加了乾燥水果，與原產自亞洲的核桃製成麵包或煎餅，也隨之出現。羅馬時代能夠製作添加各式食材的麵包，相較於現代，可以想見所有發酵麵包之原型，即由此時代開始。

在羅馬，最初雇用希臘人作麵包，後來終於培養了自己的麵包師，開始出現了專職的麵包師父。建立了麵包學校和國營麵包工廠，麵包師父的地位也因而水漲船高。藉由法律來進行麵包店的管理，烘焙麵包成爲世襲制度。

同一時代，出現了利用馬尾編成的網篩。這個劃時代的優異網篩，使得麵粉能夠製作得更細白，揉和用機器和特製烤窯的發達，讓粉類的製作及麵包製作方法也隨之更加蓬勃。技術的發展，使得大量生產成爲可能，讓作爲主食的麵包成爲更加重要，不可缺少的食物。

興起文藝復興運動的中世紀歐洲

羅馬帝國滅亡後的短暫期間，基督教修道院對於麵包的發展佔有極大的貢獻。這個時代，能夠食用白麵包的僅有少部分上流階級的貴族，大多數人們食用的都是一般黑麵包，含有大量纖維質、表皮厚且硬的麵包。因爲烘烤麵包的烤窯採共同使用，因此約一週烘烤一次麵包。

十四～十六世紀，義大利興起了文藝復興運動，麵包的技術也明顯地加以提升。開始出現了 Guild（職業工會），並依法令對麵包規格及麵包店之營業權等，進行詳細的規範指導。

成爲科學起點的近代

因哥倫布發現美國大陸，使原產於中美洲的玉蜀黍飄洋過海傳至歐洲。在哥倫布第二次造訪新大陸的1493年，玉蜀黍被確認存在於古巴，稱爲「新大陸的小麥」，大大地改變了歐洲的飲食文化。

在當時的歐洲，人口急遽增加開始產生慢性糧荒。此時登上舞台的玉蜀黍，被大量廣泛地栽植在以地中海沿岸爲中心的南歐全區。相較之下是種短期可採收的植物，玉蜀黍可以水煮、火烤地食用玉米粒，也可以製作成玉米粉，再製成煎餅、粥類、丸子等加工品後食用，解救歐洲使其免於糧荒之苦。此外，將製成的粗粒玉米粉添加至麵包麵團內混拌，至今仍廣泛運用的玉米麵包的原型，即是由此時而來。

Column **新月型的可頌**

世界上最具知名度的高人氣麵包「可頌」。可頌的原文 croissant 就是新月，這個名字的由來，有傳自維也納與布達佩斯兩種說法。奧地利的首都維也納和匈牙利的首都布達佩斯，都曾經在十七世紀末受到奧斯曼土耳其的侵略攻擊。當時市民們的頑強抵抗、固守城池，讓無法突困的土耳其軍隊，開始試著在城壁下挖掘隊道以侵入市區。如此作戰方式雖在地面下悄悄地進行，但麵包店卻發現侵入異狀。當時的麵包店都在半夜製作麵包，深夜察覺地下發出聲響，因而進駐守備軍隊，免於被土耳其軍隊攻城侵略，為記念此一勝利，麵包店將土耳其軍隊國徽的新月形狀，烘烤成麵包。維也納的傳說則是，之後瑪麗·安東妮特(Marie Antoinette)遠嫁法國時，將可頌麵包製作方法一併傳入。雖然不知道到底哪個才是真的，但現在塗抹了大量新鮮奶油製作的可頌麵包，已是巴黎最不可少的早餐麵包了。

而在這個時代，十八～十九世紀正是科學興起的起點。出現了兩位偉大的生物學家一雷文霍克Antoni van Leeuwenhoek（1632~1723年。被譽爲「微生物學之父」），和巴斯德Louis Pasteur（1822~1895年。被譽爲「近代細菌學之祖」）。荷蘭的雷文霍克改進了顯微鏡並發現了細菌。法國的巴斯德演繹證明了酵母的酒精發酵結構。微生物的發現，也開啓了得以有效利用微生物之門。

成功地大量生產酵母的現在

二十世紀前半，各種領域邁向工業化的時代。麵包的領域，德國人佛萊施曼(Fleischmann)在美國最早以工業方式生產出麵包用酵母，成功地大量生產能排出大量二氧化碳的酵母。在此之前的麵包酵母種，都是由含有浮游於自然界的微生物，製成的麵包菌種，至烘烤完成需要花相當多的時間，而且失敗的機率很高，是否能烘烤出膨脹鬆軟的麵包，完全是聽天由命。但若使用了能夠排出大量二氧化碳的酵母，就可以縮短時間，也能從膨脹與否的不安及擔心中解脫。酵母的工業化生產，大大地改變了麵包的歷史。

經由發酵學等的進步，麵包製作開始進入工業化，各種麵包製作的方法也隨之躍進。在麵包工廠內，己能夠大量生產，同時隨著副材料的進化，麵包的種類變多，開始能夠製作出如現今我們所食用的麵包了。

日本的麵包歷史

■ 套用「蒸餅」漢字的麵包

現在我們稱爲麵包(日文發音PAN)，其實是源自於葡萄牙語PAO(麵包)。1543年，由漂流至種子島的葡萄牙貿易船所帶來，之後經由竭力普及基督教的西班牙人—聖方濟・沙勿略(Francisco de Xavier)的推廣，進而更加擴大傳入。最初所見鬆軟膨脹的麵包，日本人當時套用漢字「蒸餅」二字來命名。

蒸餅是由中國傳來的烘蒸麵包。麵團使其自然發酵後烘蒸而成，此種中國獨特的烘蒸方法，據說是在806年由空海傳入日本。利用老麵(發酵種)製作的「包子」、「饅頭」等烘蒸麵包，由中國傳至日本，就是日本蒸麵包的原型，之後更利用日本特有的製作方法產生出酒種。酒種是由甜酒饅頭中產生，明治初期運用在麵包上，誕生了熱賣商品「酒種紅豆麵包」。

■ 日本麵包歷史源於繩文時代

雖然與麵包的邂逅始於葡萄牙的貿易船，但在這之前日本就沒有麵包的存在嗎？在日本繩文、彌生時代農業已然盛行，小麥文化伴隨著米文化同時發達起來。小麥的麥粒作爲食品的原料，很容易想見在各種形式之下，小麥以二次加工品的形態被加以食用，而其中小麥煎餅般，無發酵的麵包應該也包括在其中。

如果包含這些無發酵麵團的食品都可以定義爲麵包，那麼日本的麵包歷史應該就可以追溯至遠古的繩文時代。繩文、彌生時代如小麥煎餅般的無發酵麵包，鎌倉時代（1200年）發酵麵團的烘蒸麵包，至室町時代（1500年代後半）後期，則是發酵麵團烘烤而成的西式麵包，分別可謂是不同種類麵包起源的時代。

■ 促使麵包進化的軍糧

到了江戶時代因爲鎖國禁令，基督教與食用麵包同時也被加以禁止，是日本麵包歷史寒冬時期的來臨。日本再次接觸西式麵包，已是江戶時代末期了。作爲與英國對戰士兵所攜帶的糧食，麵包再次受到青睞，製作出乾燥般水分少的麵包，方便吊掛在腰帶上，中央開孔如甜甜圈般的麵包。諸藩競相製作烤焙麵包的烤窯，爲儲備麵包而努力。各種製作方法和乾麵包、罐裝麵包等，可做爲保存食品的麵包不斷地被開發與製作，軍糧促進了麵包的進化。

Column 日本的「麵包始祖」江川太郎左衛門

在日本，最早正式製作麵包的是被稱為「麵包始祖」的韮山代官•江川太郎左衛門。當時是江戶時代後期，擔憂會被支持西鄉隆盛的英國軍隊攻擊，日本政府命令由軍事學者的江川，統領擊退英國軍。

江川在補強軍備的同時，考量不需要像煮飯般需要用水，也不會有炊煙，麵包是更適合攜帶的軍糧，於1842年4月12日製作出日本特有的軍用麵包，之後更指導各地大量生產。江川所製作的麵包類似於現今的法國麵包般，口感硬且乾，但利於長期保存，據說是種百吃不厭的味道。
順帶一提的是昭和58年(1983年)，麵包普及協會訂定每月12日為「麵包日」。

■ 日本所喜好的麵包逐漸融入生活當中

正式開始製作發酵麵包，起於明治時代。以開港後的橫濱爲起點，製作法式或英式麵包的同時，也開始盛行製作符合日本人喜好的麵包。最受歡迎的商品，就是經由甜酒饅頭而製作出的酒種紅豆麵包。之後漸漸發展出橢圓小餐包、果醬麵包、奶油麵包等日本原創的麵包種類，麵包也隨之越發融入大家的生活當中。

■ 戰後的麵包發展史

昭和20年(1945年)二次世界大戰結束尚處於戰敗混亂之時，昭和25年(1950年)以首都圈爲中心的8個城市，開始在學校營養午餐中提供麵包。在這契機之下，到了昭和27年(1952年)4月，全國都道縣的各小學，都在營養午餐中供應麵包。活躍於這個時期的是戰前開始在各地經營的麵包店，爲了當時略嫌營養失調的孩童們推出了「美味又營養的麵包」，並且不眠不休地製作。「橢圓小餐包」就在這個時候應運而生！可能也有不少讀者對此有著相同的思念情懷吧。

爾後10年間，以餐食麵包、橢圓小餐包、糕點麵包等爲主的麵包，在市面上百花齊放，急速地成長。昭和39年(1964年)，東京舉辦奧林匹克運動會，東京至大阪間的新幹線也通車了。大量外國選手來到日本，隨之將世界各地的餐食和爲數衆多的麵包帶至日本。

當時奧運知名的代表選手，更爲飯店附設的麵包坊站台，並將歐洲主要的餐食麵包引入日本。並且因新幹線的開通，使得關東和關西的資訊文化交流更爲盛行。昭和41年(1966年)，在神戶廣爲人知的知名老字號麵包店，在東京青山地區開了法國麵包店，在昭和40年代成爲襲捲一時，蔚爲風潮的話題。

昭和45年(1970年)，大阪舉辦了萬國博覽會。各展場的餐廳都呈現了該國最有名的菜色、麵包、糕點，讓參加者都能樂在其中。同年，將總公司設在廣島的麵包店，也在東京青山開設了丹麥麵包專賣店，塡入了大量奶油和水果的丹麥麵包，當場震懾且擄獲了江戶之子的東京人，瞬間店舖更拓展至全國各地，成爲40年代後半的風潮。

昭和46年(1971年)，美國漢堡的連鎖1號店，開設在東京銀座的百貨公司內，爾後數年間成長爲最大連鎖。於此同時，大型麵包公司也擴大增設了生產漢堡專用麵包的生產線。

昭和50年(1975年)前半，是改革製作麵包技術的時代，從漂白至無漂白麵粉，從化學添加至改用天然添加物，以便製作出對身體更好的麵包。同時，正統的歐式麵包或餐食麵包，變得隨時可在飯店麵包坊，或具烘焙製作工坊的麵包店(現在是百貨公司的地下街麵包店)購得，麵包市場相當熱絡。當時可說是超市的全盛時期，麵包全都緊緊地排成數列地陳列在麵包架上。

進入平成年間(1989年~)，因便利超商的活躍，每天都可以購買到新鮮的麵包，對於擴大麵包消費有相當大的貢獻。此外，不僅在首都圈，在各地的手作烘焙坊麵包店也開始活躍起來，更是強調展現出其地域的獨特性。直至現今，麵包的年營業額約1兆4千億日圓，米食的消費額也在攀升之中，支持著市場上食品產業的巨大成長。

烤窯未熱前不可放入麵包。

〈德國〉

就無法製作出美味的麵包。

〈法國〉

沒有充分的揉和，

第 3 章

麵包製作的工序過程

◎ 麵包製作的工序過程

那麼，接著就開始麵包的製作吧。

麵包製作的步驟順序稱爲「工序過程」，工序過程還可以分成實際作業，以及作業間的靜置時間。

所謂的實際作業，是指揉和麵團(手揉或是電動攪拌機)、分割、整型等作業，所謂的作業間的靜置時間，是指發酵與烘烤(請參照P.51圖)。

■ 製作美味的麵包，什麼都不做的努力也非常重要 ··············

從攪拌開始至放入烤窯烘焙爲止，麵包麵團都在持續不斷地進行發酵。靜置麵團的中間發酵也是發酵的一部分，不需要、也不可以做任何動作的時間。至麵包烘烤完成之前，麵團都持續地進行發酵，發酵過程永不止息。

另一方面，攪拌、壓平排氣、分割、滾圓、整型、放入烤箱、出爐的動作，是由人工或機器來進行的作業，這些對麵包麵團而言，或多或少都是施以力道的時間。

製作美味的麵包，不需要人力進行動作的發酵與烘烤，還有施力過程中不過度對麵團施加壓力，都是必要的條件。不過度施力或動作，這樣的努力反而更重要。瞭解何時該有何動作的直覺，只能藉由不斷地重覆進行麵包製作，讓身體自然記住。這不是做一次或兩次就可以得到的收獲和效果，請將其視爲專業人員的必備技術。

■ 汰舊更新(Scrap and build) ....

汰舊更新(Scrap and build，以下簡略爲S&B)是否曾聽說過呢？麵包製作的工序過程就像是連續地進行著S&B。Scrap是指「解體」、build是指「建設」。舊設備必須拆除汰舊，置換成高效能設備、在成立新組織之際，必須要廢除等同舊組織的專門用語，在麵包製作上發酵是build，而其他人爲或機器的動作就是Scrap。汰舊更新就是麵包製作的理論(Theory)。

藉由這樣的不斷重覆，就能夠得到適當的麵團物理性質，和恰好的酵母發酵。

本章節中，接著要說明關於麵包製作工序過程，與麵包製作開始前的重要作業—「溫度」和「量測」。

◎ 溫度

■ 瞭解麵團的溫度非常重要

在過去麵包店工廠內，空調或麵團發酵設備並不十分完備的時候，大家常說「麵包製作是由量測當天的溫度開始」，當天麵包成品的狀態，會受到麵團的溫度及環境條件的大幅影響。

事實上，筆者年輕學習麵包製作時，還記得麵包店老闆曾經教過我們「5月5日和10月10日，即使未經思考都能夠烘烤出美味的麵包！」。當然這是指在日本的狀況，但這也意味著只有該日期，是大自然中最適於麵包製作的環境(氣溫、濕度等)。在炎熱的夏日，工廠的溫度約35℃左右，烤箱前的溫度可能會達45℃。相反地酷寒冬日，一大早在工廠中呼出的空氣都變成白煙。像這樣的環境中，麵團的溫度和室溫，就會大幅左右麵包完成的狀態。

即使是在歐洲，幾乎可以說自古以來麵包店都會將麵包製作工廠設置在地下室。這是因爲在地下，整年的氣溫及濕度都相對地呈現安定狀態，最適合麵包的製作。

麵包製作的作業範例

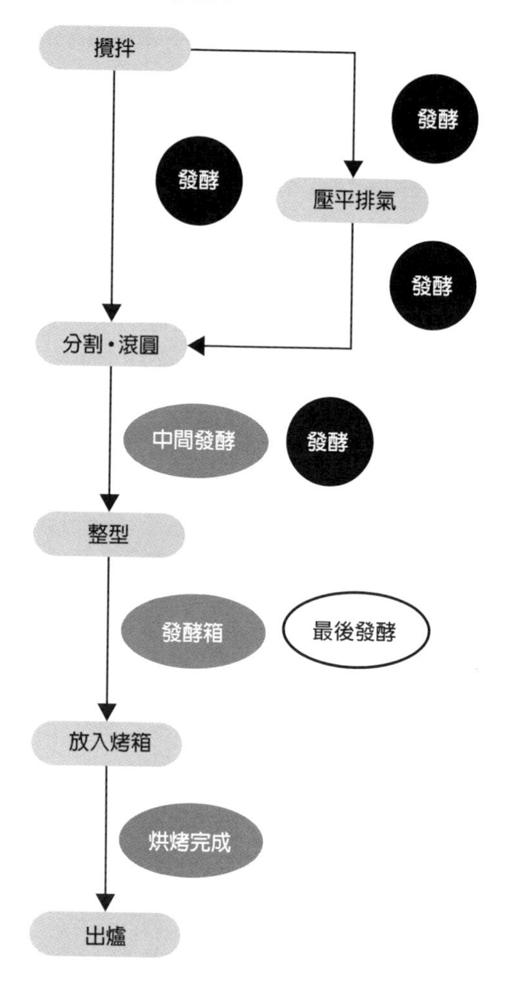

雖然前面的陳述很長，但換言之麵包是藉助對溫度很敏感的微生物酵母而產生膨脹。因此，麵團揉和完成的溫度、發酵室的溫度都是很重要的關鍵。麵團的溫度或發酵室的溫度過低時，會導致發酵不良，麵包無法膨脹起來；反之，溫度過高發酵過多，麵包又會過度發酵。

再更仔細地詳加說明，就是麵團的發酵、膨脹，主要是由酵母產生的二氧化碳量來決定。在適切的環境下，因爲可以更加活化酵母，使麵團能平衡地保持住產生的二氧化碳，讓麵團的發酵、膨脹能順利地進行。但是，麵團的溫度過低時，酵母的作用也會因而遲緩，二氧化碳排出量減少。反之，溫度過高時，提高了酵母的活性，進而增加二氧化碳的產生。

像這樣麵團的溫度及室溫，會對發酵和膨脹有直接巨大的影響。換句話說，所謂適切的麵團「管理」，就是適切進行麵團和發酵室的「溫度管理」。也正因爲如此，以麵團的溫度爲始，瞭解室溫以及發酵室的溫度，是麵包製作上非常重要的一環。

■ 麵包製作的專用溫度計 ······························

爲了確實進行溫度管理，要使用什麼樣的溫度計才好呢？
在麵包製作上使用溫度計的目的，包括：❶量測室溫　❷量測粉類、水分等麵團材料的溫度　❸量測揉和完成時或發酵中，麵團的溫度等等。

無論是哪一種情況，都是從0℃~50℃的範圍內，因此在家裡進行麵包製作時，準備可以量測0℃~50℃，或是0℃~100℃的溫度計即可。現在無論是家用或是職業專用，一般都使用電子溫度計。原因在於玻璃棒溫度計容易破碎，而碎片掉入麵團內更是麻煩。

量測

麵包製作的量測以「重量」來計算

麵包製作的量測是以「重量」爲單位計算。以1公升(1L)的量杯爲例，壓縮得緊實的麵粉和鬆鬆地盛放的麵粉，到底哪個重呢？當然是壓縮得緊實的麵粉吧。重量是物體本身的重量，而容積是體積，因此量測時，統一使用一種計量法是很重要的事。

麵包製作時使用的材料，並非隨時都是相同狀態。砂糖、鹽都和麵粉一樣，會因壓縮得緊實或鬆鬆地盛放而有所不同，因此爲求正確的數據，必須以○g(克)的重量來計算。若僅只以1杯或1匙的容積來計算，產生誤差的可能性極高。

但是關於水分，因爲1ml＝1g已是固定的計算法，所以即使以容積來計算也不會有問題。

■ 麵包製作專用的量測工具 ……………………………

量測物體重量的量測工具，從極輕的毫克(mg)至幾噸(ton)重的物質單位都有，最理想的狀況就是視其重量來使用其相應的量測工具。最近因爲電子量測工具普及，已經不再需要準備多種工具了。連0.1g都能量測的電子秤爲使用主流，但分割時也會使用桿秤。

其他，液體的量測時，如果有塑膠刻度量筒(50、100、500、1000ml)就非常方便了。選用塑膠的原因是可以避免玻璃破裂時的危險。雖然也會因液體比重不同而有所差異，但基本上用1毫升(ml)＝1公克(g)來計算是最簡單也最方便的。

◎ 烘焙比例(Baker's percentage)

製作麵包時雖是以「重量」來計量，但配方卻是使用稱爲「烘焙比例 Baker's percentage」的方法來標示。這樣獨特的麵包製作標示方法「烘焙比例 Baker's percentage」究竟是什麼呢？

■ 烘焙比例(Baker's percentage)是將麵粉的重量視為基準的100% …………

所謂的烘焙比例，是國際上普遍使用在麵包製作業界的配方標示法，將麵包製作的配方以百分比(%)來標示。一般的百分比是以總合計量做爲100%，但烘焙比例是以配方中麵粉的重量爲100%，而其他材料(砂糖、鹽、酵母和水等)的百分比則是各以相對於麵粉比例來標示。因此，各材料合計時應該會超過100%。

烘焙比例是以基準法則來標示出各材料的比例，因此只要理解其原則，就能配合自己想製作的材料分量，簡單地計算出配方用量。或許一開始會有些困惑不習慣，一旦習慣這樣的標示方法，就可以因應自己想要製作的分量，進行材料的增減。

理解慣用之後，大概就會覺得沒有比「烘焙比例」更方便的計算方法了。那麼我們再來看看究竟是什麼樣的契機下，誕生了這種烘焙比例的標示法呢。

■ 料理可以依感性及官能調整

一般而言，料理具有很多得以用感性及官能調節的特徵。假設以烹調香草烤肉來看，此時會依照肉類○ g、奶油○ g、香草○根、鹽和胡椒各適量等用量來烹調。邊進行烹煮時邊試味道，當奶油不足時會增添奶油，或減少鹽分、增加胡椒等，進行用量之調整。料理可以藉由這樣的修正，完成適合自己味覺的風味。

用於糕點製作時，有些能在製作過程中試味道，但也有些無法嚐味。假設以製作奶油蛋糕爲例。雖然依照配方用量烘烤海綿蛋糕，但即使在海綿蛋糕麵糊的階段試味道，未經烘烤就無法確認是否能美味地完成。但製作打發鮮奶油時，甜味不足可以邊增加砂糖邊試著修正其甜味及風味。

那麼用於麵包製作，又是如何呢？

■ 為了不需擔心失敗地完成麵包的烘焙

所謂的「麵包」，是烘烤完成後才能使用的名稱。即使食用生的麵團，也嚐不出味道。

至烘烤完成的最後步驟前，即使製作者也不知道麵包的味道。因此麵包製作者都必須以戰戰競競的心情，虔誠地祈求麵包能完美呈現。

爲了能減少如此忐忑與不安，因而考量將製作的配方在某個程度上使其定量化，如此想法之下產生的就是「烘焙比例」。

烘焙比例必須要有參考的基準，因此將此基準著眼於主要原料的麵粉上。以主要原料的麵粉爲基準，再計算出其他材料(鹽和酵母等)所需的百分比，製作者無論製作大量或少量麵團，都能簡單地用乘法計算出每種材料各別的用量，讓烘烤麵包時不需再擔心失敗。

以烘烤吐司麵包爲例。分量配比如下所示。

100% 麵粉的用量爲1公斤(kg)時，會稱爲「1kg吐司麵包用量」、使用2kg時，稱爲「2kg吐司麵包用量」。下頁表格，使用的是1000g（1kg），所以是「1kg吐司麵包之備料」。此時各種材料的必要重量，如以下計算方式而得。

相對於1000g的麵粉，砂糖的用量爲5%，因此1000×0.05＝50g

食鹽爲2%，因此1000×0.02＝20g

脫脂奶粉爲3%，因此1000×0.03＝30g

奶油爲4%，因此1000×0.04＝40g

酵母爲2%，因此1000×0.02＝20g

改良劑爲0.1%，因此1000×0.001＝1g

水爲70%，因此1000×0.7＝700g

麵包製作居然出現了百分比，可能會讓大家感到困惑。但若是能使用這樣的計算方法，僅只需要簡單的乘法，就能計算出自己想要製作的麵包配方，也可以讓麵包製作更輕鬆地貼近生活。

烘焙比例約是一世紀前由美國人提出。眞的是很符合力求事物合理化美國人的發想。

吐司麵包 1kg 用量的配方比例

原料	用量比例	重量
高筋麵粉	100.0%	1000g
砂糖	5.0%	50g
食鹽	2.0%	20g
脫脂奶粉	3.0%	30g
奶油	4.0%	40g
酵母	2.0%	20g
改良劑	0.1%	1g
水	70.0%	700g

攪拌

所謂的攪拌，是將以麵粉爲主的麵團材料加以揉和，使其產生成爲麵包骨架的麵筋(Gluten)，也稱爲麵團製作。

使用的方法有用手揉和與電動攪拌機，用手揉和是指全部作業都用手來進行。使用電動攪拌機時，會將麵團材料全部放入電動攪拌機的攪拌缽內，利用掛在攪拌器上的攪拌片，轉動來揉和材料製作麵團。

在此針對使用電動攪拌機的攪拌作業加以說明。

依麵團的完成度，可以將攪拌作業分爲以下4個階段。

Column 量測微量時的四分割法

為避免麵包製作失敗，量測非常重要。特別是非得量測極少的用量時，常是導致失敗的主要原因。事實上，可以說麵包製作失敗，因為量測失誤而導致的比例相當高。在量測極少的用量時，利用四分割法就能簡單地完成。這個方法，是想要量測1g時，先量測出4倍的4g。再將其堆放於紙張上，用扁平的小竹片將其分成兩等分，再進而分切成兩等分，等於將全體分切成4等分。這樣分切出的¼就幾乎是1g了。雖然是倚重人類五感的量測方法，這樣四分割法可以將微量的粉類，幾近正確地量測出來。

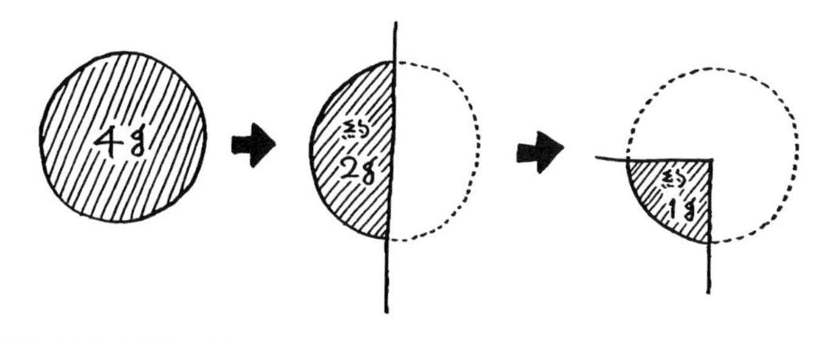

■ 首先第1階段是材料的混合 ……………………………

以主要原料麵粉爲始，將各材料均勻混合使其分散。利用水來溶解砂糖、鹽等水溶性結晶，使其與麵粉結合成團。

■ 第2階段是麵粉的水合 ……………………………

所謂的水合，是指麵粉蛋白質和水進行科學性結合，而生成麵筋。水被麵粉吸收而成結合水(請參照 P.181)，其他材料也一起吸附。是材料結合成爲塊狀麵團的階段，在這個階段中幾乎看不到麵筋的形成。

通常，利用縱向電動攪拌機低速攪拌約2~3分鐘左右。抓住麵團拉開時，會立刻被扯斷的狀態，麵團表面是黏答答的觸感。

■ 第3階段是麵筋組織的形成 ……………………………

隨著攪拌持續進行，麵筋會漸漸地出現。

一般會將縱向電動攪拌機從低速調成中速，攪拌約5~6分鐘。浮在麵團表面的水分子(微小水滴)會被麵團所吸收而消失。結果就是麵團表面的沾黏感消失，成爲光滑的表面。

若是加入了油脂的麵團，最好在加入油脂之前，先完成這個階段的作業。這是因爲麵團中游離的水分(水分子獨立存在的狀態)過多時，水分與油脂相斥，會使得麵團更容易變得黏答答。

■ 第4階段是麵團的完成⋯⋯⋯⋯⋯⋯⋯⋯⋯⋯

麵筋組織完成，持續進行麵團的氧化，完成麵團的製作。充分地完成麵團的水合作用，形成了網狀結構良好的麵筋組織狀態。

通常會用高速攪拌，藉由強勁力道摔打至攪拌盆上，刺激麵團中的筋度，以增加彈性。一般而言，在彈力幾近達到顚峰時，麵團就完成了。

麵團完成至富有彈力、表面平順光滑且柔軟後，取部分麵團緩慢延展拉開，至可以成爲薄得幾乎看透手指指紋的麵筋薄膜狀。

爲了避免大家的誤解，必須要再多加說明的是，所謂麵團的完成度，會因不同特性的麵包而有所不同。因此並非每次都必須攪拌至可以看見手指指紋程度的薄膜狀態。

■ 依麵包麵團的特性而有不同攪拌方法

混合材料攪拌揉和麵團，是麵包製作過程之中，足以影響麵包完成的重要作業。

但麵包當中，有柔軟的麵包、硬質麵包、具膨鬆感的麵包、無膨脹的麵包、LEAN類（低糖油成份配方）麵包或是RICH類（高糖油成份配方）麵包，依這些特性攪拌方法也隨之不同。

採RICH類配方，烘烤成柔軟且具膨鬆感的大型麵包，就必須用高速較長時間的攪拌。爲使其能膨脹鬆軟地完成烘烤，將麵團攪拌出麵筋的網狀結構，更細緻更有彈性的狀態，非常重要。

LEAN類（低糖油成份配方）硬質麵包的攪拌，必須緩慢進行。爲使其能保留紮實的口感和風味，就必須攪打成不會過度膨脹的狀態。緩慢地攪拌成略硬的麵團，麵筋的延展必須抑制在約是第3階段完成時的狀態。雖然麵團略有沾黏的感覺，但可以利用較長的發酵時間來補足，使麵團熟成。

■ 在麵團中添加水分的時間點

• 配方用水

攪拌麵團時所使用的水分，就稱爲配方用水，通常用量的水分會與麵粉及其他材料一起放入電動攪拌缸後，再開始攪拌。

• 調整用之水分

即使相同用量的麵包配方，也不一定能揉和攪拌出完全相同狀態的麵團。例如，只要改變麵粉或各種材料的種類，麵團的狀態也會隨之產生變化。首先是麵團的硬度很容易會有大幅的差異，所以必須要預先留下部份配方用水，在攪拌初期階段邊視麵團狀態邊添加水分，這時添加的水分就稱之爲調整用水分。

- **加水**

不管配方用量的水分是否含有調整用的水，麵團較硬時，在加入油脂前邊確認麵團狀態，邊適度添加用量之外的水分。

這就稱爲加水。無論是配方中調整用的水分或是額外加水，非常重要的是應儘量在早期階段添加，讓小麥蛋白得以吸收，使其結合生成麵筋，加水的時機，基本上是在攪拌之初或中期階段。

- **灑水**

當油脂已加入後，麵團已完成之階段，感覺麵團過硬或乾燥時，可以用手舀起少量的水分澆灑在麵團表面，讓麵團濕潤而回復鬆弛的狀態。這是依循感覺來添加的水分，因此不需要考量配方或用量。

■ 添加油脂的時間點

所謂製作麵包時使用的油脂，正如字面之意，分成油（液體）和脂（固體）兩大種類。使用固體脂肪（奶油、乳瑪琳、酥油等）時，除非是將其處理成乳霜狀態（註1）或用量極爲稀少之狀況（註2）外，一般加入的時間點，都是在攪拌至中期，麵團的麵筋組織形成至某個程度的階段下，一次全部投入材料之中。此外，最具代表性的是像皮力歐許（brioche）這種使用大量油脂的麵包，也會在攪拌中期之後，分2~3次添加至材料中。

另一方面，使用液態油類（沙拉油、橄欖油等），因爲是液體所以若在麵團整合成團的階段添加，會不容易滲入麵團當中。此外，液態油不具固態脂肪之可塑性（註3），因此在攪拌初始之際與其他材料一起加入，會是比較常用的時間點。

註1：所謂的乳霜狀態，是配方中使用大量固體脂肪、砂糖、雞蛋，軟質&RICH類（高糖油成份配方）麵包時經常利用的手法。預先將固體脂肪攪打成乳霜狀，邊攪打邊添加混入砂糖、雞蛋，使材料中能飽含空氣。這樣的作業程序相較於將全部材料一次加入混合攪拌，更能縮減攪拌的時間，也可以防止麵筋組織過度發展，大幅改善麵團的延展性，使烘烤出爐的麵包更加膨鬆、口感更爲輕盈。最能代表乳霜狀態的麵包類成品，就是酵母甜甜圈和甜麵包卷等。

註2： 即使是固態脂肪，相對於配方中麵粉用量採2~3% 少量使用時，有時也可以 all-in-one（全部材料同時投入進行攪拌）。

註3： 所謂油脂的可塑性，是指在適度的溫度帶內，當油脂承受到物理性外力時，會依其方向，柔軟地產生形狀變化的特性。

■ 麵包製作用的電動攪拌機 ……………………………

一般家庭中，因製作用量較少，可以用手揉和，或是利用各家電廠商推出的自動麵包機或是揉麵機。

但是在大量生產製作的麵包店，麵團的揉和都是以機器來進行。

製作麵包專用的攪拌機有許多機種，歐式的LEAN類(低糖油成份配方)硬質麵包，爲避免麵筋過度形成，以低速揉和爲主的臥式攪拌機，或直立式攪拌機較爲適合；RICH類(高糖油成份配方)軟質麵包爲強化麵筋形成而必須使用高速攪拌，萬用攪拌機會比較合用。

與揉和用的攪拌機不同，若能備有奶油或內餡使用的桌上型攪拌機，就能另外製作奶油餡或填充內餡了。

■ 不使用攪拌機而以手揉和強化麵筋組織……………………

用手揉和製作麵團時，經常會使用「摔打麵團」這樣的表現方法。這是表現麵團揉和方法的詞彙，混合各種材料後，將麵團摔打至作業檯上約200~300次左右，是爲了利用物理性的外力使其形成完整的麵筋薄膜。一旦麵筋薄膜完成後，可以將酵母所產生的二氧化碳保存在其中，這就是麵團最初的發酵膨脹。

使用攪拌機時，攪拌機會進行這項作業，但若是以手揉和麵團，就非得自己親手動作了。雖然是相當辛苦的步驟，但確實地摔打麵團可以「鍛鍊強化」麵筋組織，形成延展性更好的麵團。

發酵

通常，我們會說：讓攪拌完成後的麵團發酵吧，但在麵包製作上，其實指的是「麵團的膨脹」。更精密的說，應該是麵團內存在的無數酵母內的酒精進行發酵，所產生的副產品二氧化碳，被包覆在麵團中具彈性及延展性的麵筋組織內，因而造成的結果就是麵團的膨脹。只是這樣的說法過於繁鎖複雜，因此在製作上都稱之為「麵團的發酵」。

■ 發酵所需的時間

那麼，話說麵團的發酵，會因為配方與製作方法，明顯地影響發酵條件和時間。較極端地來說，有從攪拌至烘烤完成，包含發酵時間只需要3小時製作的麵包，也有需要花上整整3天的麵包。

主要是因為酵母數量及麵團溫度、發酵條件不同，所產生相異之處，所以即使完成的是相同類型的麵包，也會產生完全不同的成品。左右麵團發酵的原因包括：酵母用量的增減、麵團揉和完成溫度的高低、麵團的軟硬程度、發酵環境溫度的高低等等。在此針對酵母數量、發酵時間；麵團揉和完成溫度及發酵時間的關聯加以說明。

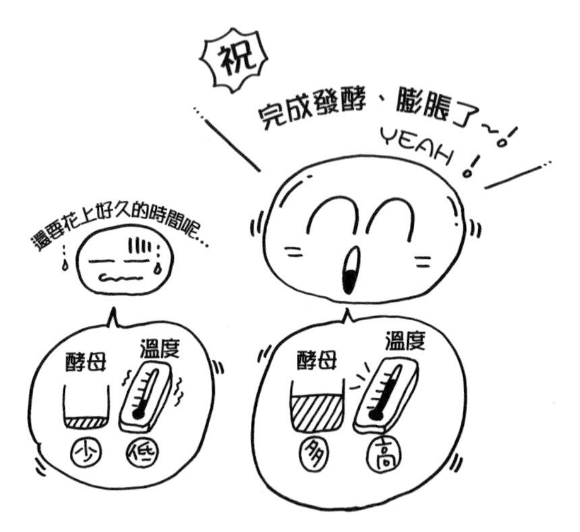

酵母用量、發酵溫度與發酵時間的關係

酵母以外其他的配比和用量、製程完全相同時，酵母用量多則發酵時間短，用量少則發酵時間就需拉長。麵團揉和完成的溫度越高，發酵時間就越短，溫度越低發酵時間就越長。當然這些指的是麵團揉和完成至分割前的基本發酵時間，最低的條件是麵團必須膨脹至足以被分割的程度。

也就是酵母量越少、麵團溫度越低，麵團就很難發酵膨脹，所以至分割作業前必須花較多時間。反之，酵母用量越多、麵團溫度越高，麵團可以越快發酵膨脹，分割作業也可以提早進行。當然也會偶有例外，但酵母用量和麵團揉和完成的溫度，與發酵時間和麵團膨脹具有如此關聯性，請大家在製作麵包時務必加以參考。

■ 麵團的膨脹

接下來，針對麵團膨脹加以說明。正確溫度下適當揉和完成的麵團，在適當條件下，麵團當然能順利地完成發酵。那麼，在分割時，什麼狀態才是適當及正確的麵團膨脹率呢。

經常可以在書本上看到「在○℃揉和完成的麵團使其約發酵○分鐘，麵團約膨脹至○倍的程度 ...」這樣的解釋說明。以上的說明以筆者的經驗來看，文意應該是指這個麵團的分割時間點，約是在發酵了這些時間後，膨脹至如此程度時，就可以進入下一個製程的分割作業。這個句子同時也暗示著，若接下來的發酵或其他作業沒有問題地持續下去，就可以製作出美味的麵包！

雖然標示著麵團約膨脹至○倍的程度，但這是相較於揉和完成時的麵團體積，外觀的2倍或3倍，所以會用膨脹率2倍或3倍來呈現。另外，取部分麵團，利用量杯或刻度量筒，量測麵團發酵前後的體積加以計算，可以在某個程度上掌握住麵團的膨脹率。如果能用這樣的方法將各種麵團的發酵資料加以整合，無論在麵團溫度、發酵時間，連麵團的膨脹率或分割時間上，都是很重要的參考標準，具有很大的助益。

無論如何，麵包製作，發酵是左右麵包完成狀態的重要關鍵，因此建議大家儘可能地充分理解發酵的構成，也能更加瞭解分辨麵團狀態。

■ 整備發酵環境

最後是關於發酵管理，雖然會因麵團揉和完成的溫度和發酵時間，而影響改變麵團的發酵、膨脹狀態，但還有另一件很重要的環節，那就是要如何使揉和完成的麵團適當正確地進行發酵呢？要如何設定正確適當的環境條件呢？

麵包店或麵包工廠，因爲有業務用的發酵器或發酵室等設備，可以相當纖細地設定控制溫度及濕度，以使麵團能適當正確地進行發酵，但家庭中沒有這些設備，就必須要下一番工夫來整備發酵環境。雖然也因麵包的種類而有所不同，但大部分在溫度：30~35℃（較體溫略低的溫度）、濕度：70%左右（在浴場熱氣繚繞的狀態）的環境發酵，都可以稱之爲適當正確的環境。

而應該注意的事項 ❶防止發酵中麵團表面的乾燥。一旦麵團表面變得乾燥，麵團變硬，進而妨礙了麵團的膨脹。 ❷環境溫度不可以低於25℃。這是因爲低於這個溫度，麵團的發酵及膨脹會明顯下降減低，成爲發酵不良之狀況。無論是哪一種，都會烘烤成結實無法膨脹的麵包。

壓平排氣

所謂壓平排氣，就是對發酵中的麵團施以刺激，使已產生的氣體得以排出的作業。通常都是在發酵至極時進行的步驟，此時麵團中充滿著二氧化碳，體積也隨之膨脹了2~3倍。

發酵是「NO STOP」的。放入烤箱至酵母完全死亡消失爲止，發酵仍在不斷持續進行，使麵包得以膨脹起來。如此膨脹起來的麵團，爲什麼要使當中的氣體消失呢？

■ 壓平排氣效果

實際上藉由進行壓平排氣，可以得到以下的效果。

❶ 使麵團中的空氣和二氧化碳排出，藉由將大氣泡分散成多個小氣泡，有助於細緻麵包的紋理。

❷ 藉由按壓麵團的力量，刺激麵筋組織，讓鬆弛的麵團緊實起來。強化了麵筋的張力、密實網狀結構，結果就是更能保留住二氧化碳，讓麵包更大更膨鬆。

雖然像這樣的壓平排氣有其效果，但也是各種重要因素相互配合加乘所產生的效果，對於麵團的改良助益不止一項，連烘烤完成的麵包紋理和膨脹程度都具有加分效果。

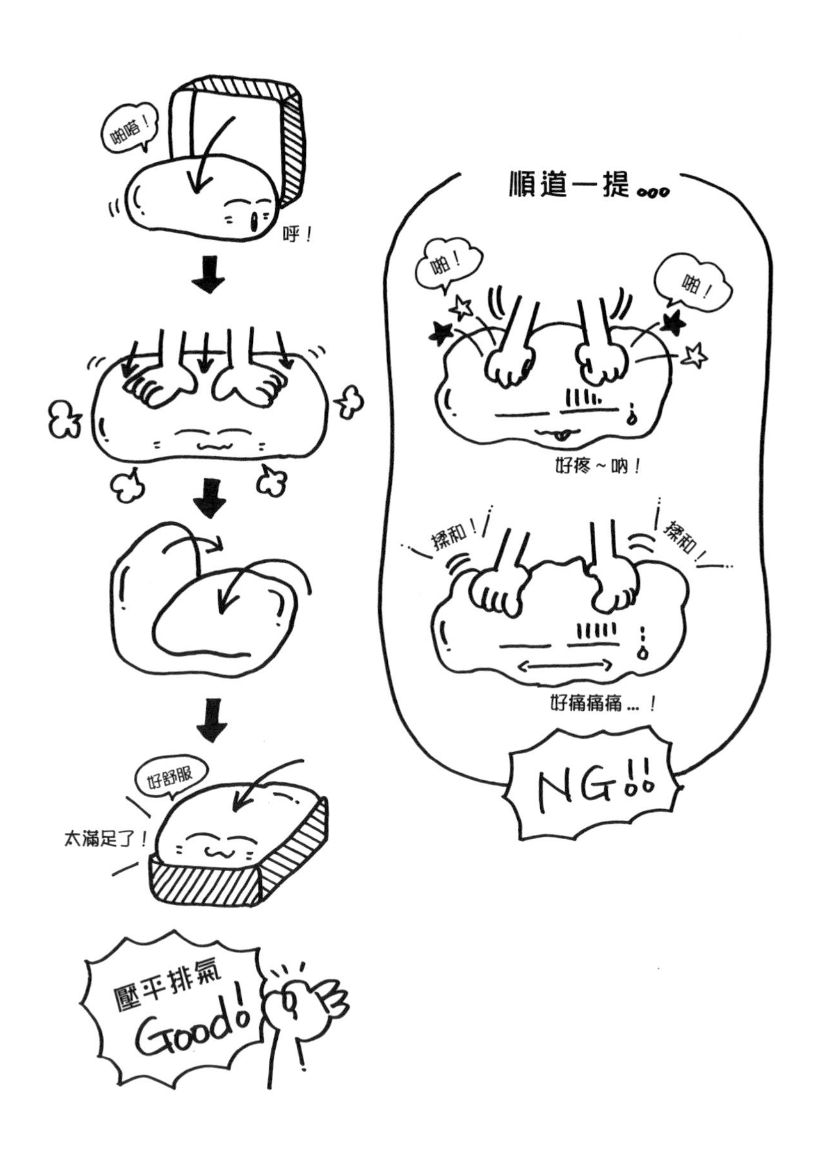
啪嗒！
呼！
好舒服
太滿足了！
壓平排氣
Good!
順道一提。。。
啪！
啪！
好疼～吶！
揉和！
揉和！
好痛痛痛…！
NG!!

■ 不敲扣不揉和

壓平排氣，英文是「用拳頭毆打」的意思，所以在麵包製作上壓平排氣，絕對不是敲扣或揉和。由發酵容器內取出發酵膨脹的麵團，避免傷及麵團地用手掌由上向下按壓，以排出氣體。接著再簡單地折成三折疊或四折疊，放回原本的發酵容器內，放置使其再度發酵膨脹起來。

由發酵容器中取出的麵團，以敲扣或揉和的方式確實也可以排出氣體，但卻會因而破壞阻斷了好不容易形成的麵筋網狀薄膜組織。麵筋網狀薄膜組織一旦被破壞之後，就無法保留住接下來發酵作業中所形成的二氧化碳，麵團也無法膨脹起來了。

壓平排氣的目的，是只爲了促進麵團的發酵能力，並加強麵筋的張力。若在麵團上過度施力，只會破壞發酵後的麵團而已。

◎ 分割、滾圓

所謂的分割是將因發酵而膨脹起來的麵團分切成想要製作的麵包大小。而滾圓是將分切好的麵團加以推滾成圓形，輕輕地折疊成團後，使其表面呈現光滑張力的作業。通常，分割好的麵團會立即進行滾圓作業。因應麵包或麵團的種類，會改變滾圓作業的強弱或形狀，迅速地滾圓成相同形狀非常重要。

■ 分割後的麵團立即滾圓的原因

麵團表面呈現緊實張力，整型時表面會呈滑順狀態，烘烤完成時，也會呈現酥脆漂亮的成品。此外，藉由滾圓的動作，可以改善分割時的麵團狀態，也就是再次緊實麵團表面的麵筋組織，使其在各方向都能均勻地呈現其延展性。同時這樣的滾圓作業，與壓平排氣具有相同效果，能夠適度地刺激麵筋組織，增強麵團表面的緊實張力，使麵包更加膨鬆脹大。這就是麵團必須進行滾圓作業的理由。

■ 滾圓時共通的重點

具體的滾圓作業，從小型麵團至大型麵團，雖然有各式各樣的大小或形狀，但其共通的重點就是「底部的麵團接合處，必須確實緊密閉合」。麵團的鬆弛部分都集中於接合處。若麵團沒有確實緊密閉合接口，特地滾圓完成的麵團又會再次鬆弛，麵團表面張力也會鬆弛而無法保留住麵團內的氣體。

整型時最重要的是儘可能不要增加麵團的負擔。麵團滾圓也可以方便變化各式各樣的形狀，棒狀的大型麵包也只要滾圓成四角形般的外觀即可。如此可以減輕加諸在麵團上的負擔。藉由這個作業將鬆弛的麵團再次回復表面緊實的狀態。

中間發酵(靜置)

所謂的中間發酵，就是完成滾圓麵團的靜置時間。緩和麵團的緊縮，使麵團回復其應有的延展性及彈性所需的時間。靜置的這段時間麵團仍是不斷進行發酵，因此中間發酵也是發酵作業的一部分。

剛完成滾圓作業的麵團，麵筋組織強力緊縮著，麵團無法隨心所欲地延展成自己想要的形狀。在此階段若是強行延展拉扯進行整型，就會造成麵團表面的粗糙及斷裂。

暫時靜置之後，利用麵團發酵使得麵筋組織得以鬆弛，麵團彈性變低，伸展性和延展能力就會變好。實際上中間發酵，約靜置15~20分鐘，就能輕鬆地擀壓延展了。

■ 溫度也必須注意

在靜置時也持續進行著中間發酵，因此必須得要注意溫度。溫度過高時，會過度發酵；而溫度過低時，發酵無法進行，麵筋也無法鬆弛。

爲使對溫度或濕度敏感的麵團得以呈現安定狀態，用發酵室或發酵器來進行管理，是最能使麵團呈現安定狀態的聰明方法。

麵團在適合的環境下，最初會呈穩定的狀態，完成中間發酵的麵團會變大，可以看得出來麵團的發酵膨脹。

中間發酵的英文 bench time 是工作檯的意思。因爲過去分割滾圓後的麵團，會放置在工作檯上靜置發酵，因此滾圓至整型之間的靜置時間就被稱之爲中間發酵。

◎ 整型

在15~20分鐘的中間發酵(靜置)時，麵團仍持續地進行發酵，所以至整型前麵團應已較完成滾圓後膨脹約2~3倍大。這個時候，麵團中的麵筋組織再次呈現鬆弛狀態，麵團回復了其延展性，也方便整型作業的進行。將這個麵團以烘烤完成形狀爲目標，整合成各式各樣的形狀，就是整型作業。

■ 整型的變化

傳統且基本的整型，有圓形、棒形和圓盤形／橢圓形3種，現在仍廣爲使用，其他的就是各式各樣的變化，與利用割劃切紋使其別具特色。

在日本最常食用的餐食麵包就是圓形或橢圓形，單一圓筒型、U字型或是圓筒型等，即使同樣的麵包也會配合麵團整合成不同的形狀。丹麥或可頌麵包般的奶油折疊麵團，會先擀壓成薄片後，再包捲奶油餡分切，或是切成方形折疊之後，裝飾奶油餡或水果。糕點麵包或調理麵包般包覆食材的麵包，基本上因爲有必須包入的內餡，因此多半做成圓形或船形。此外，也有些特殊麵包，需要用切模或壓模來整形。

無論是哪一種，追求整形上的變化，可能因應麵團特性選擇其形狀，也有只爲求形狀外觀變化以配合不同場合所需，像是歐洲各國，用於祭典或活動節慶般有其意義的形狀。

■ 關於麵包的美味及其形狀

最後，這是筆者我個人的意見，想給各位讀者參考建議。整型作業若是超過某個程度時，對麵團而言就只是痛苦而已。因爲想追求形狀的變化，而過度地強行擺弄擀壓麵團，可能會造成麵團組織的破壞。這個結果，在最後發酵時，會產生發酵不佳，或烘烤時無法膨脹延展的狀態，烘烤成沒有膨脹的緊縮麵團。像這樣的麵包不僅外觀不良，風味上也絕對不會好吃。

其次，麵包是食物或食品。若不斷地只追求外觀，而食用時的口感乾鬆粗糙，沒有將麵包壓碎還眞無法下嚥，那麼這麵包也失去了食品的機能了。麵包還是要能大口咀嚼香噴地享用，最能讓人感受其美味吧。

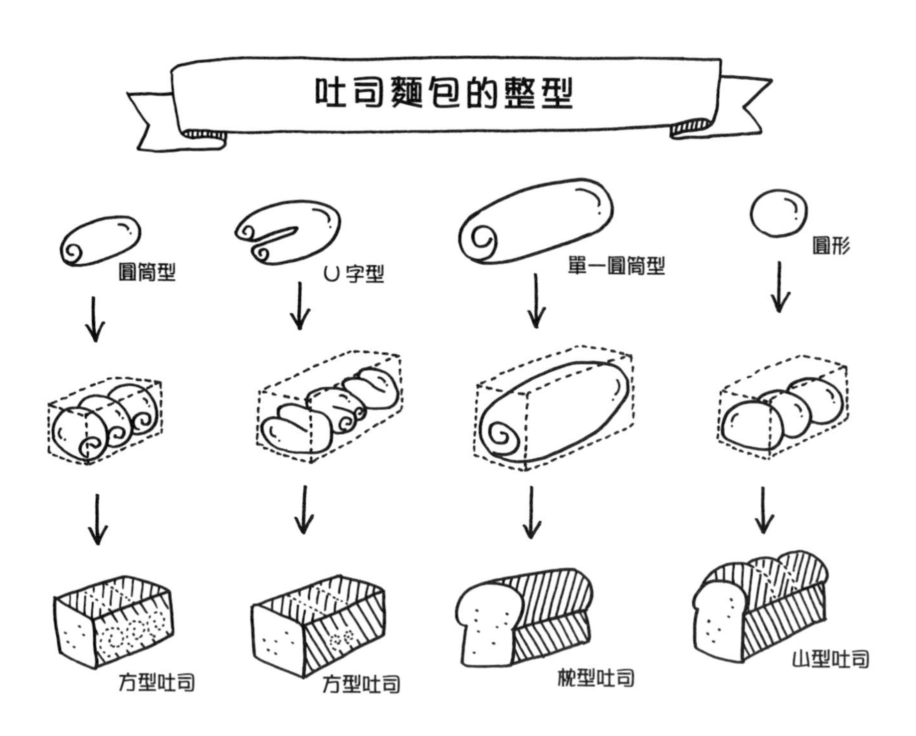
吐司麵包的整型
圓筒型
U字型
單一圓筒型
圓形
方型吐司
方型吐司
枕型吐司
山型吐司

最後發酵

整型後的麵團，使其進入最後階段的發酵作業，就稱爲最後發酵。

■ 充分適當正確的發酵，決定成品的關鍵

如果這個階段沒有留下充足的發酵時間，烘烤出的麵包有可能無法膨脹。無論是發酵不足或過度發酵，都無法烘焙出漂亮的成品，因此發酵程度的判斷就變得非常重要。最後發酵的判斷標準，是當手指按壓麵團時，不沾手且略略感覺到彈力的狀態，發酵溫度較一次發酵(基本發酵)再略高一點最理想。

最後發酵的理想範圍比一次發酵狹窄，最後發酵不完全的麵團，在烤窯中無法延展，也無法形成鬆軟膨脹的麵包；反之過度發酵時，麵團會烘烤成形狀歪斜的麵包。

再者，麵團延展性超過其界限，過度發酵的麵團，會因喪失保持麵團氣體的力量而導致氣體流失，造成麵包的塌陷。這個狀態就稱爲麵團的「消泡或無力(down)」。

放入烤箱

所謂放入烤箱，是指完成最後發酵作業的麵團，放入烤箱內的作業。爲了使麵包烘烤後表面能呈現光澤，在放入烤窯前的刷塗蛋液、劃入割紋、撒上裝飾用粉類等步驟，基本上都會在這個階段進行。

刷塗蛋液、劃入割紋的理由

在麵團表面刷塗蛋液，是爲了使麵包表面烘烤出金黃色，呈現烘焙光澤。會呈現金黃色是因爲蛋黃中含有稱爲胡蘿蔔素(carotene)的黃色色素，而麵包表面的光澤，則是蛋白中所含蛋白質的熱變性所產生之效果。刷塗蛋液時可以加水稀釋，但這多用於想要抑制烘烤完成時，表面的顏色及光澤。相反地，若是想要更加強調光澤或顏色時，可以增加蛋黃的比例，或是添加極少量的砂糖、味醂。

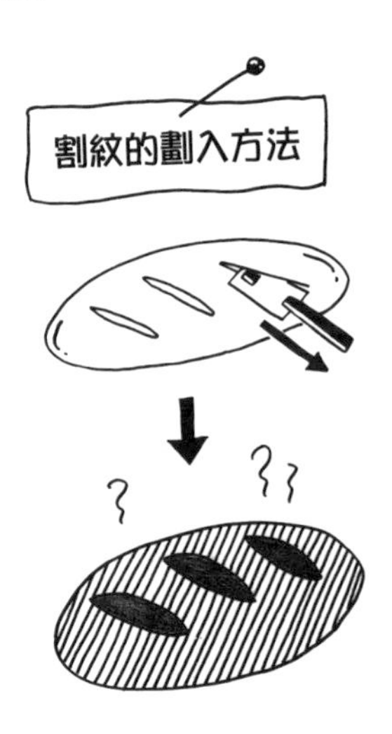

在完成整型的麵團表面均勻地劃切割紋，是爲了讓麵團受熱膨脹時，麵團內部壓力能夠散發出來，並保持住麵包長棒狀；還有爲了使麵包在烤窯內均勻充分受熱、使麵包維持膨脹狀態、增加外觀效果等理由。一般而言會在法式長棍麵包、香榭麵包等棒狀麵包表面割劃，割紋的數量也會依麵包的大小及種類而有所不同，但目的都是同樣的。

烘烤完成

所謂的烘烤完成，是指將麵團放入烤箱至烘烤完成，由烤箱取出麵包爲止的作業。溫度或時間等烘烤完成的條件，雖然會依麵包的種類及大小而有差異，但除了特殊種類之外，一般而言，溫度大都在180~240℃之間，烘烤時間約在10~50分鐘左右即可完成。

■ 預先提高烤箱內的溫度非常重要

進行烘烤，必須預先提高烤箱內的溫度。如果麵包放入沒有預熱的烤箱內，至實際開始烘烤爲止會加長放置於烤箱中的時間，就會造成烘烤的斑駁不均，麵包外皮變厚，烘烤完成時也會過硬。雖然麵包也會依種類而有所差異，但特別是烘烤硬質麵包時，預熱烤箱，提升烤箱內的溫度非常必要。

要將業務用的烤箱內溫度升高至200℃前後，至少也需要1小時。若是在溫度升高之前就已經將麵團放入烤箱，隨著溫度不斷升高之時，麵團內的發酵也同時持續著，進而成爲過度發酵，水分幾乎都蒸發掉了。爲避免這種狀況，必須預熱烤箱提高烤箱內溫度。

家用烤箱內部較小，特別是只要一打開烤箱門，溫度就會立刻降低。因此無關乎烘烤溫度，預先用200℃左右的溫度預熱烤箱，放入麵團後再將烤箱溫度調整至麵包配方適合的設定進行烘烤。烘烤至完全熟透並且麵包鬆軟地膨脹起來。

■ 家用烤箱

烤箱基本上有電氣、瓦斯、旋風烤箱(Convection Oven)...等，無論是哪一種都能烘烤麵包。差別只在於熱源不同，無論使用哪一種，烘烤出的麵包都一樣沒有優劣之別。必須注意的是每個烤箱都有其特色，瞭解烤箱的特質才能在必要時適度地加以調整。

家庭用烤箱

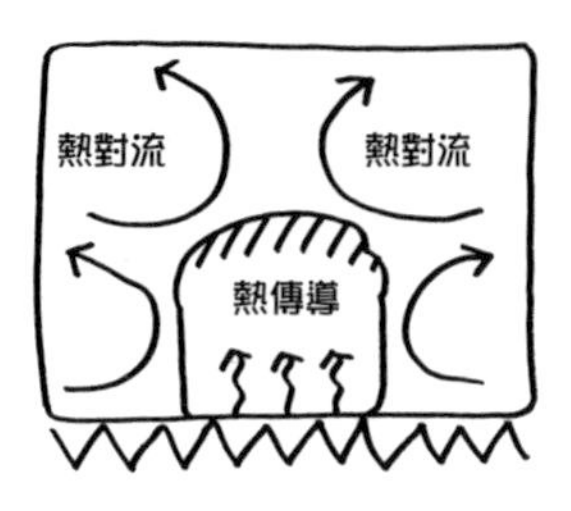

業務用烤箱

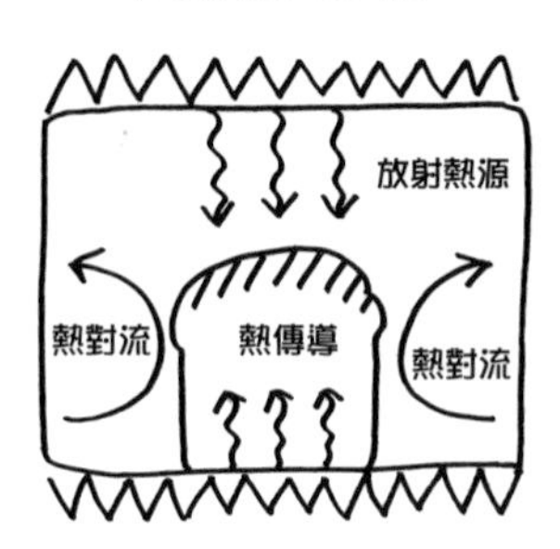

■ 業務用烤箱

最一般型的業務用烤箱，有六片烤盤四層、二段或是三段的箱式烤箱。能量來源是瓦斯。烘烤糕點麵包或是丹麥麵包，以及必須用模型烘烤的吐司等，就必須使用有鐵板的烤架。適合溫度較高，需迅速烘烤完成的麵包，或是放入模型中，必須利用高熱來烤熟的麵包。大多是由熱源直接向下加熱傳導，以上火和下火一起加熱。

如法國麵包及裸麥麵包般，直接接觸窯床可烘烤出更美味的麵包，窯床可以採用壓縮石板材質。在烘烤這樣的麵包時，烤窯內部(烤箱內)可噴入蒸氣，所以烘烤完成的麵包外皮會香酥脆口，這是最大的特色。

◎ 出爐

所謂出爐，指的是將烘烤完成的麵包由烤箱中取出的作業。

烘烤完成的麵包，儘速地由烤盤中取出放置於冷卻架上。長時間地放置在烤盤上，麵包底部和烤盤間會因蒸氣堆積而使得麵包底部濕潤，呈現濕軟的狀態。

吐司麵包等以模型烘烤的麵包，在出爐後必須立刻連同模型在作業檯上用力敲扣，給予外力撞擊(shock)，並儘速地將麵包脫模。藉由這樣的動作，使得貯存在麵包內的水蒸氣能及早蒸發，以防止酥脆外皮變得濕軟，利用撞擊的力量破壞形成柔軟內側氣泡膜內的脆弱氣泡，使其成爲安定的氣泡。如此可以更加強化麵包的結構，在某個程度上足以防止麵包的攔腰塌陷。

■ 攔腰塌陷(cave in)

所謂攔腰塌陷，是指烘焙完成的麵包側面向內側凹陷造成「折腰」的狀況，是以模型烘烤山型吐司或方型吐司時常見的現象。直接的原因是，麵包的表層外皮與柔軟內側的軟化及組織狀態過於軟弱。以高溫烘烤完成的麵包中央部分(中心部溫度)約爲95~96℃，降至室溫的溫度約需1小時。這期間麵包內部充滿著的水蒸氣，會穿透表層外皮排放散發出來，因此表層外皮會因而潮濕軟化，進而造成側面部分的塌陷。

間接的原因則有：❶特別是側面的烘烤不足　❷麵團過於柔軟　❸相對於模型麵團過重　❹麵團膨脹過多。

◎ 冷卻

所謂的冷卻，是指將烘烤完成的麵包放置於冷卻架上散熱，使表層外皮和柔軟內側得以呈現安定狀態的作業。

冷卻是使多餘的水分和酒精等，得以由麵包內部散發出來的必要時間，小型麵包約需20分鐘左右，大型麵包則約需1小時。

第4章

麵包的製作方法

麵包的製作方法和分類

現今的日本麵包，在消費量上幾乎有凌駕稱爲主食米飯的趨勢，而麵包的種類也幾乎是世界其他國家望塵莫及的多樣化。爲了製作出這些各式各樣的麵包，也不斷地由法國、德國等歐洲諸國、美國等世界各地引入麵包的製作方法。因此，現今在日本國內所介紹的製作方法中，可能有類似的製作方法但名稱不盡相同，或許這也是初學者們會略感混亂之處。本書當中將多數的製作方法加以整理，分類如下所示。

麵包的製作方法，可以分成二大類，一是全部同時攪拌完成，麵團製作的直接法，以及另一種使用液種、麵種、中種、酸種與自家酵母種等發酵種，來完成麵團製作的發酵種法。中種法在理論上可以另外定位成一種麵種法。在麵包製作現場，中種法與直接法是並駕齊驅的兩大製作方法。這兩大製作方法，是在進入二十世紀後，工業用酵母成功培養的契機下，應運而生的製作方法，到了現在也是日本和美國的製作主流。

此外，雖然也可能有例外，但因發酵溫度及所需時間的關聯，可以分成常溫短時間發酵的麵團，和低溫長時間發酵的方法。

接著就針對每個製作方法加以說明吧。

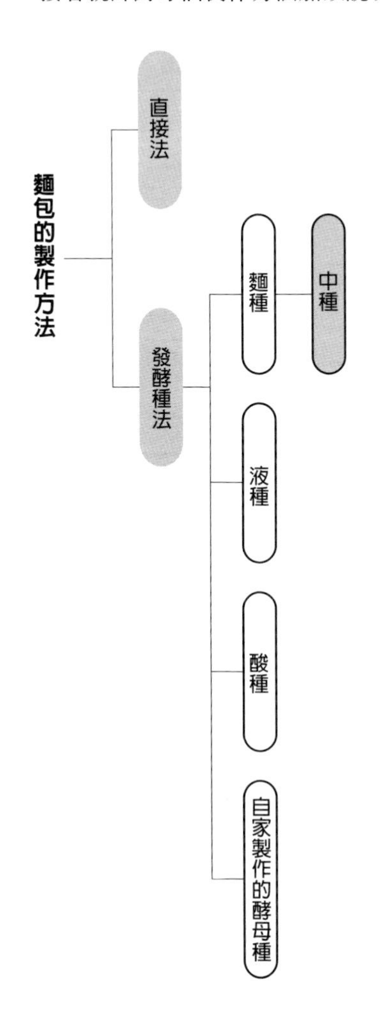

直接法

所有的材料都投入電動攪拌機內，全部一起攪拌製作而成的麵團。直接法是二十世紀初，美國以工業方式製作出可產生大量二氧化碳的麵包專用新鮮酵母後，因而產生這劃時代的製作方法。在這之前利用發酵種製作麵包是唯一的方法，烘烤出麵包需要花好幾天的時間。因爲成功地培養出單純用於麵包製作的酵母，使得1g酵母的菌種數量，如天文數字般飛躍攀升，結果就是可以在短時間內完成麵團的發酵和膨脹，整個製作工序過程所需的時間因而顯著地縮短。使用這種工業生產的麵包專用酵母，讓麵包的製作快則2~3小時，長則5~6小時，就可以烘烤出麵包了。

直接法最早是在1916年被提出，在美國發行的『Manual for army bakers』(軍用麵包入門)當中提及「straight method」。從那之後大約過了100年的今天，直接法已經被認定是全世界麵包製作的基本方法了。因爲可以反映出素材的風味、又容易控制麵包的口感及膨鬆程度等，基於這些優點，在日本從每日製作的小麵包店，至大規模的麵包工廠都廣泛地利用這個方法，被也稱爲「直接揉和法」。

直接法當中也分成常溫發酵和冷藏發酵2種製作方法。科學上所說的常溫是指25℃，但麵包製作上常溫指的是20~35℃。在這個溫度下使其發酵1~3小時，即是常溫發酵。另一方面，在4℃時酵母的作用會明顯地降低，在這樣的低溫中發酵12~24小時，使其緩慢地發酵就是冷藏發酵。

■ 常溫發酵的直接法〔※ 流程圖請參照(93頁)〕

是在常溫、短時間發酵下，烘焙完成的麵包製作方法。

首先，將所有的材料放入電動攪拌機內攪拌，攪拌只有最初的1次。使揉和完成的麵團發酵、壓平排氣以排出麵團內的氣體(也有不需要壓平排氣的配方)。接著再次使麵團發酵，進行分割、滾圓的作業。

完成分割、滾圓的麵團，至整型前必須再次放置使其發酵。這個時間稱之爲「bench time（中間發酵)」。bench 指的是工作檯的意思，過去是將麵團靜置在工作檯上發酵，因而以此得名。因分割、滾圓作業而緊縮的麵團，再靜置10~15分鐘，就能恢復麵團的延展性了。

經過中間發酵的麵團進入了整型作業階段。所謂的整型，就是將麵團內的氣體排出，製作出成品預想的形狀。雖然整合好形狀的麵團放入烤窯內就能烘烤，但在放入烤窯前要再次使麵團發酵、膨脹。這次的發酵就稱爲最後發酵。

■ 冷藏發酵的直接法〔※ 流程圖請參照(93頁)〕

〔※ 流程圖請參照(93頁)〕

是在低溫、長時間發酵下，烘焙完成的麵包製作方法。
這種方法雖然是基於生產管理、勞動人力管理，所應運而生的方法，但現在則是爲了其豐富的發酵成分，進而加以演進的製作方式。

攪拌後至壓平排氣爲止的作業都與常溫發酵相同，攪拌時需用比常溫更低2~3℃的溫度來進行，壓平排氣後的麵團，滾成大型圓球狀後放置於冷藏室。此時麵團中央的溫度爲4℃。這是因爲酵母在4℃前後的溫度，會呈現休眠狀態。酵母休眠中的麵團會以非常徐緩的速度進行發酵。這樣的發酵時間爲24~72小時，因爲是經過一夜的長時間，所以也稱爲隔夜法（overnight）。在如此徐緩的的發酵過程，蘊釀出豐富的發酵成分，做出更增添香氣和風味的麵包。

◎直接法：常溫發酵

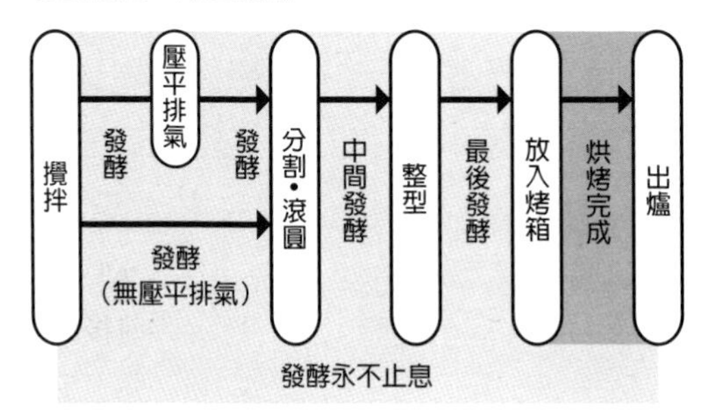

◎直接法：冷藏發酵

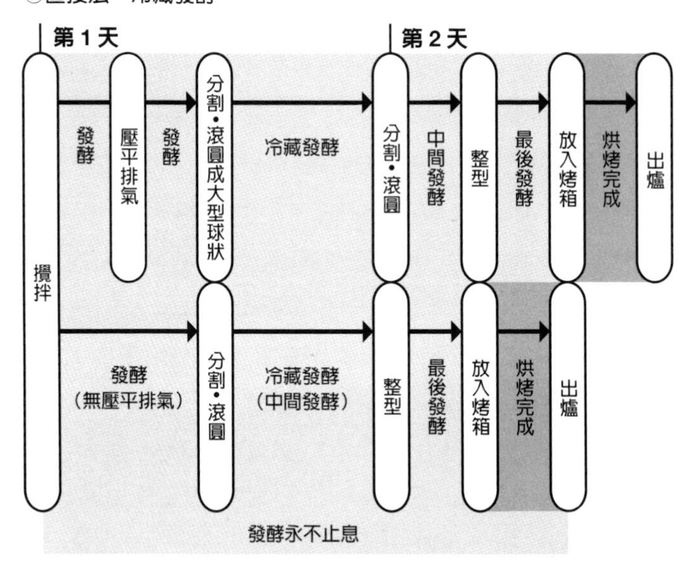

發酵種法

所謂發酵種法，是使用部分粉類、水和酵母先做好麵團，使麵團發酵、熟成後做爲發酵種，再加入其餘粉類和材料製作成預定完成麵團的製作方法。

依發酵種的狀態不同，有稠狀的「液種」和麵團狀的「麵種」。使用於發酵種的粉類，大多爲全部粉類用量的30~40%，相較於使用50~100%的中種法，發酵種所帶來的影響和效果也較少。

■ 液種〔※ 流程圖請參照(100頁)〕

將全部用量30~40%的粉類和水，基本上是1：1的比例，加上少量的酵母，有時加入少許鹽，混拌製作成糊狀麵團，放置12~24小時以低溫發酵、熟成地製作出液種。可以在前一天先製作好液種，次日在液種當中加入全部的材料，以電動攪拌機攪拌後進行分割、滾圓、整型，就能連續地進行製作步驟。因爲採低溫長時間發酵，所以發酵生成物及素材的風味極佳，多用於硬質麵包或LEAN類(低糖油成份配方)麵包的製作方法。

另一方面，常溫短時間發酵製作的液種也很多。這類液種使用較多酵母，約發酵50~60分鐘。因爲採常溫短時間發酵，酵母的活性化會大量產生做爲膨脹劑的二氧化碳。烘烤出的麵包也較爲膨鬆柔軟，較常運用在LEAN類(低糖油成份)配方的糕點麵包，或是發酵糕點麵團上。

使用液種的發酵種法，麵包硬化(老化)較慢，麵包也會較爲膨脹，最大的特徵就是可讓麵包產生適度地膨脹效果。

● 液種的歷史和種類

液種的歷史不長，據說是在十九世紀前半誕生於波蘭，因此將國家名稱縮短地加以命名，稱爲Poolish液種法。即使是歐洲各國，也是在1920年代以後，才以法國或德國爲中心，發展出使用工業用酵母製作的液種並且開始普及。在此之前，沒有工業用酵母的時代，和古埃及或希臘時代一樣採取「既有酵母種的麵包製作」。具代表性的液種有Poolish、Ansatz、Starter、Biga等。這些名稱雖然各不相同，但指的都相同的液種。

● Polish液種法

源自於波蘭的液種，從維也納傳至巴黎，二十世紀初已經遍及法國各地，至二十世紀前半爲止，都是製作法國麵包的主流。但是到了二十世紀後半，因爲有更簡便的直接法或中種法的產生，因而取代了Polish液種法。但是，現今已經有能力大幅縮短生產時間的冷藏發酵，或長時間發酵的Polish液種法，又被重新審視評估。能擁有與直接法相近似的香氣，配合喜歡剛出爐消費者的需求，以產品管理及勞動力管理而言，更能夠重新評估於工廠中大量生產。

- **Ansatz（德國）、Starter（英國）、Biga（義大利）**

雖然因不同國家而有不同的名稱，但基本上都是以麵粉、水以及大量的酵母製作出的液種，常溫短時間（30~60分鐘）發酵製作而成的液種。主要運用在 RICH 類（高糖油成份配方）的糕點麵包或發酵糕點上液種。

■ 麵種〔※ 流程圖請參照（100頁）〕

麵團的形狀，使用全部粉類用量的25~40%、酵母、鹽和水一起揉和，在12~24小時內發酵熟成的發酵種。在發酵種內加入其餘用量的粉類、水、酵母以及其他的副材料揉合，就完成了麵團的製作。前一天先將麵種完成，次日僅要加入全部的材料一起攪拌而已，可以充分呈現出發酵生成物質及材料的風味，經常運用在硬質、LEAN類（低糖油成份配方）麵包的製作法。

和使用液種的發酵種法相同，麵包硬化（老化）較慢，麵包也會較爲膨脹，最大的特徵就是可讓麵包產生適度地膨脹。

● 麵種的歷史與種類

麵種的歷史非常古老，特別是歐洲各國一直傳承其特有的麵包製作。從十八世紀開始，利用附著於穀類的酵母和浮游酵母，直到後來利用啤酒酵母製作出膨脹鬆軟的麵包，過程非常艱辛。確認了酵母的存在之後，十九世紀壓榨酵母也被利用來製作成麵種，進入二十世紀後半，使用工業製造酵母來製作的麵種更爲普遍。具代表性的各國麵種如下。因國家差異而有不同的名稱，但幾乎都是相似的。

● levain levure（法國）

基本上用麵粉、水和少量酵母和鹽製作麵團，用較低溫度長時間(12~24小時)發酵製作而成。

● levain mixte（法國）

在預備麵種時加入發酵麵團是最大的特徵。在攪拌麵種時，將前日或當日製作的發酵麵團以5~10%的比例加入，嚴格來說是兩階段式的麵種，具有更強的發酵能力，同時也能對麵包釋放出更多的發酵生成物質。此外，以較高比例加入製作的麵團內，所以烘烤完成時麵包會略微帶著獨特的風味和口感。能完全烘托出小麥或裸麥等穀物本身的風味，與發酵所形成的香氣，是現代法國麵包主流的製作方法之一。

- **Vorteig**（德國）

德語當中是「前置麵團」的意思，基本上是以麵粉、水、少量酵母和鹽製作的麵種，是以較低溫度長時間發酵(12~24小時)而成。

- **Starter**（英國）、**Biga**（義大利）

基本上以麵粉、水和少量酵母製作麵種，以較低的溫度、12~24小時的長時間發酵而成。

■ 中種法〔※ 流程圖請參照(100頁)〕……………………………

中種法(Sponge-Dough Method)，是第二次世界大戰後，由美國將技術和設備傳至日本的製作方法。利用一個麵團，在日本從數十年開始至今，歷久不衰地與直接法並列爲製作方法主力，也是麵包業界慣用的製作方法。基本概念是將用量50%~100%的粉類和水、酵母來製作發酵麵團，發酵後再將其餘材料一同加入製作成麵團。在日本，中種(sponge)還被區分成製作吐司麵包和糕點麵包的類別，前者是中種，後者稱之爲加糖中種。

一般而言，吐司麵包類所使用的是70~80%的粉類、水和酵母製作而成的中種。另一方面糕點麵包類的中種，是吐司麵包類中種裡添加5~10%糖質(砂糖類)，製作而成的中種。日本的糕點麵包，糖質的比例比一般相對於粉類的比例，約高出30%左右，一次加入過多的糖質，麵包的濃度過高，會形成高滲透壓。這樣的結果會造成酵母細胞壁的破損，酵母活性減低等狀況，因此爲避免這種狀況產生，而將糖質的添加分成兩次地加入中種內和麵團內。因此，糕點麵包類的中種，稱之爲加糖中種，以便和吐司麵包類的中種加以區別。

液種

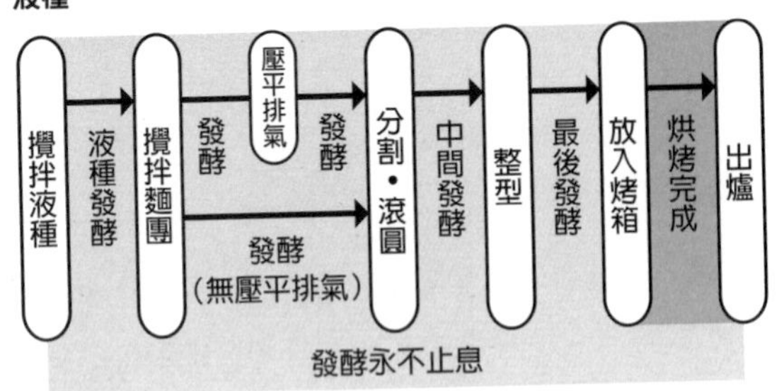

麵種

◎傳統的麵種（使用於麵種內的粉類未及配比的 50%）

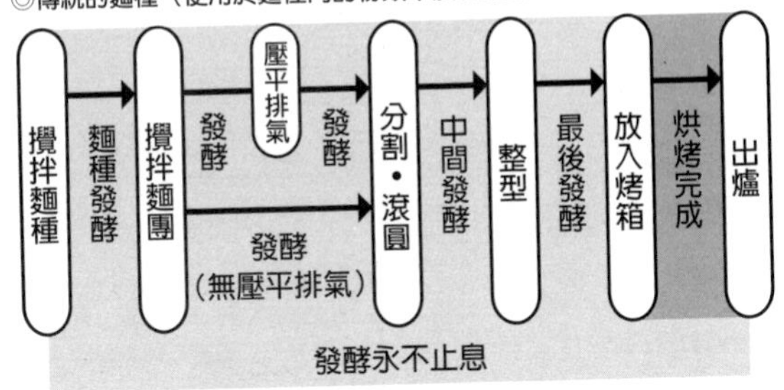

中種

◎中種＝sponge-dough method（使用於中種內的粉類佔配比的 50~100%）

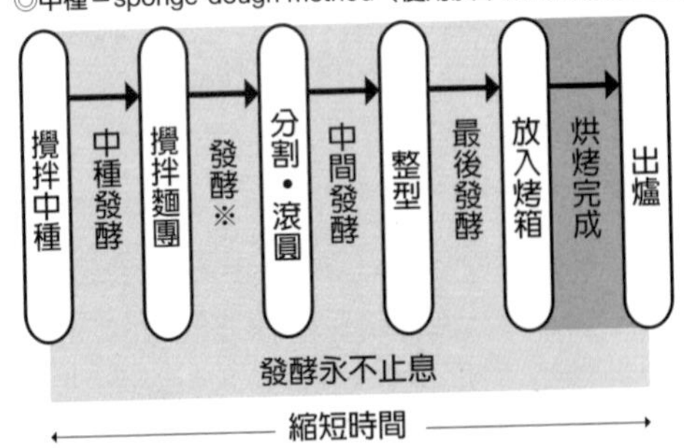

※sponge-dough method 當中，攪拌後的發酵也稱為延續發酵（Floor Time）

■ 酸種〔※ 流程圖請參照(105頁)〕

酸種主要用在裸麥麵包的製作，用裸麥粉和水(有時會加入少量的鹽)製作的發酵種。在德國最道地稱爲酸麵種(Sauerteig)，teig是「麵團」的意思。製作酸種是由最開始的初種(Anstellgut)來起種。裸麥和水揉和而成的麵團放置4~5天，邊進行續種邊使其發酵、熟成地製作初種，再續種1~3回，就完成了酸種的製作。將酸種和其他材料一起揉和製作麵團，烘烤後就完成了裸麥麵包。

以前，由裸麥中製作家庭自製酵母種(酸種)，是使裸麥麵包發酵的唯一方法，但自從工業製品的酵母開發後，也開始併用酸種和新鮮酵母的製作方法。

● 酸種的歷史

酸種誕生的歷史相當久遠，據說可以追溯至1700年代。最早是因歐洲北部無法生產麵粉，種植的穀類以蕎麥和裸麥爲主。因此無法製作由羅馬流傳而來的麵粉製麵包。繼而思考是否可以用裸麥來進行麵包製作？有了這樣的構想和摸索，繼而產生了酸種。

裸麥是具有獨特風味的穀物，除了酵母之外也附著大量的乳酸菌。雖然是以裸麥加水揉和來進行起種，但溫度若爲20~25℃時，乳酸發酵也隨之活躍。活性化的乳酸菌能夠分解裸麥中的糖質(葡萄糖(glucose)和戊醣(Pentose))，產生乳酸、醋酸、乙醇、二氧化碳等生成物質。因此，起種麵團的 pH 值會降至4.5以下呈酸性狀態，並活化酵母。酵母喜好酸性環境，形成這樣環境的就是乳酸菌。藉由活化的酵母促進酒精的發酵，釋出乙醇和二氧化碳，使製作的麵種發酵、熟成。再藉著重覆進行續種，使得麵種逐漸發酵熟成，完成初種的製作，這就是加入裸麥麵包中的麵種。所謂的「續種」就是在完成發酵熟成部分的麵種中，加入新的裸麥粉和水，製作成二次麵種、三次麵種。藉由這樣的過程強化麵種的發酵力。

酸種必須藉助乳酸菌和酵母雙方的共同協助才能完成。換言之，可以說酸種是乳酸菌和酵母共存共榮之下的產物。

● **無法形成麵筋的裸麥蛋白**

裸麥的主要蛋白質，是水溶性白蛋白(albumin)、鹽溶性球蛋白(globulin)、醇溶性穀蛋白(prolamin)以及鹼溶性穀蛋白(glutelin)。

另一方面，小麥蛋白中佔了80%的麥穀蛋白和醇溶蛋白，與水結合之後會產生黏著性及彈力，進而形成麵筋組織。這個組織成爲麵包骨架保留住氣體，使麵包得以膨脹起來。但是裸麥中所含的穀蛋白，雖然和麵粉所含的麥穀蛋白爲同種的蛋白質，但性質相異也不具彈力。除此之外，醇溶性穀蛋白與醇溶蛋白性質相似，與水結合後能產生黏性。換言之，僅用裸麥粉製作的麵包，因爲不能形成麵筋，所以無法保留住麵團內的氣體，即使麵團具有延展性也會因不具彈力，而成爲無法膨脹的沈重麵包體。

■ 家庭自製酵母種〔※ 流程圖請參照(105頁)〕

所謂的家庭自製酵母，一般來說指的就是「天然酵母」。

相對於其他麵種使用的是工業製酵母，家庭自製酵母是利用以穀物爲首，附著在果實、根莖類或是浮游在大氣中、棲息於自然界的酵母、細菌類，來進行麵包的製作。更嚴謹地說，爲使麵團發酵、熟成、膨脹，將野生酵母或某種細菌自行培養成發酵種，就是家庭自製酵母。以具營養成分的水分做爲培養皿，放入酵母等微生物，再加入麵粉或裸麥粉加以培養，使其發酵、熟成而製作出來。

● **效率不佳的家庭自製酵母**

自古以來麵包的製作，都是在麵團當中培養酵母或細菌等微生物，利用其化學反應之發酵使麵包膨脹。自1910年，德國成功地單純培養出酵母後，使用家庭自製酵母來使麵團膨脹的必要性變低了。其原因就在於若僅只考慮麵團發酵及膨脹能力，利用家庭自製酵母的效率並不好。

工業上培養出的單純酵母，因所屬菌種限定爲單一菌種，可以極有效率地進行培養，1g新鮮酵母菌含有100億以上、即溶乾燥酵母菌含有300億以上的活性酵母。這樣天文數字的酵母數量，只要2~3小時就能使麵團膨脹起來。

另一方面，家庭自製酵母因包含多種菌體和菌種，酵母數量僅存在數千萬的程度。因此，無法在短時間內讓麵團膨脹得到大量氣體，至完成麵包烘烤爲止，最短也需要幾天的時間。

2~3小時與幾天的時間，效率立見高下。

酸種

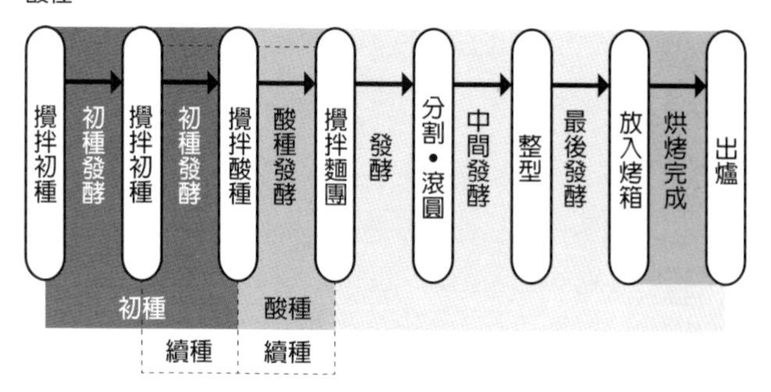
攪拌初種
初種發酵
攪拌初種
初種發酵
攪拌酸種
酸種發酵
攪拌麵團
發酵
分割・滾圓
中間發酵
整型
最後發酵
放入烤箱
烘烤完成
出爐
初種
酸種
續種
續種

家庭自製酵母種

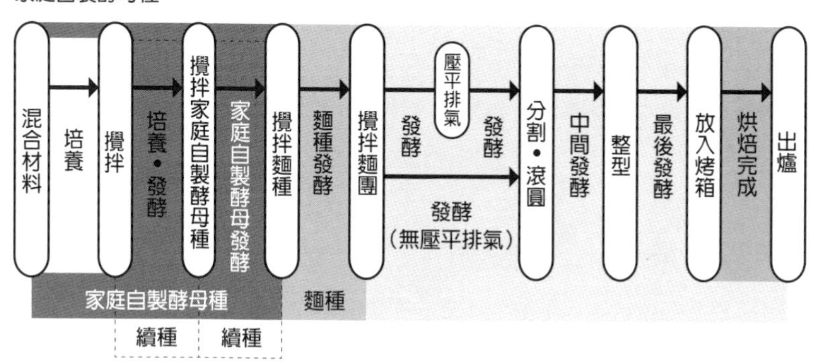
混合材料
培養
攪拌
培養・發酵
攪拌家庭自製酵母種
家庭自製酵母發酵
攪拌麵種
麵種發酵
攪拌麵團
發酵
壓平排氣
發酵
發酵
(無壓平排氣)
分割・滾圓
中間發酵
整型
最後發酵
放入烤箱
烘焙完成
出爐
家庭自製酵母種
麵種
續種
續種

● 家庭自製酵母的優點

但是家庭自製酵母同時存在多種細菌種類。具代表性細菌有乳酸菌、醋酸菌，這些菌種存活的最佳證明就是產生了乳酸、醋酸、檸檬酸、酪酸等有機酸。更甚者還有具芳香性的乙醇(ethyl alcohol)類，更附加地增添了麵包的風味。因爲這些風味讓麵包更有其獨特香氣和魅力。讓使用工業培養出的單純酵母，與使用家庭自製的酵母產生出差異性。

但是，酵母是本來就存在的生物，並不是人類所創造出來的。近來大力提倡「天然酵母」製作的麵包標榜著「無添加」、「有機」等強調健康食品的印象，但其實以營養學上來看並未具更優異之處。

● 依賴具魅力的「感覺」來製作麵包

在家自製的主要酵母有小麥酵母種、酸種和啤酒酵母種。自古以來食用優格、蘋果、葡萄等的歷史相當悠久，但做爲麵包發酵種，是進入二十世紀後才開始。以這些製作麵包會更美味，因此蘊釀而生培養出天然酵母。

活用家庭自製酵母來控制麵包的風味及香氣成分，這與發酵能力、發酵時間有著密切的關係。雖然家庭自製酵母是傳統，但經驗值或數據畢竟不足。這是因爲利用家庭自製酵母來製作麵包，雖是自古以來的傳承，但卻是自家各做各的，並非依賴專業技術人員或專業師父。這個方法放至現代，也同樣地在某個程度上，仍是依靠著「感覺」來進行自家麵包的製作，這也正是其魅力所在。

● **家庭自製酵母需注意之處**

在自然界當中存在著家庭自製酵母所利用的酵母和細菌類，但同時也存在著腐菌及病原菌。發酵與腐敗兩者都是由微生物的作用產生，因此有時無法僅以觀察來加以判斷。若是酵母種中有酸腐味道、長出黴菌或黏度過高時，請都視其爲腐壞。沒有注意到菌種的腐壞，有可能會引發二次感染或食物中毒之危險，也必須注意是否接觸過菌種又碰觸麵包，或是避免在同一場所進行烹調、放置糕點用具等。

使用工業單純培養出的酵母菌，或是使用家庭自製酵母，可以依使用目的加以判斷選擇。

但只有麵包和鹽的發明不得其門而入。〈俄羅斯〉

無論什麼事都能思考，

最是頂尖。〈法國〉

所有風味中鹽的風味，

所有香味中麵包的香味，

第 5 章

麵包的材料和作用

麵包的材料

追溯麵包歷史的變遷，就不得不提及原料的發現及發展。最初，食用的是以小麥粉和大麥粉揉和水分烤出如煎餅般的麵包，後來演進爲添加了啤酒或紅酒渣使其發酵，再來更添加了蜂蜜和山羊奶，然後瞭解加入少許磨碎的岩鹽更能提味。之後在長久歲月間，發現了酵母，以及利用甘蔗提煉出砂糖的技術等，隨著各種各樣的進步，麵包的風貌也隨之改變。

一般來說，現在製作麵包不可或缺的基本材料，可以視爲麵粉、水、鹽和酵母4大原料。這些是作爲發酵食品的麵包，在製作時必然不可缺少的基本材料。在製作上爲了追求與衆不同而添加的其他材料，則是砂糖、油脂、乳製品以及雞蛋這4大項爲主。這些副材料會給麵團帶來變化，使麵包成品細分成硬質&LEAN類(低糖油成份配方)麵包，和軟質&RICH類(高糖油成份配方)麵包，大幅增加麵包的種類。此外，藉由添加副材料也可以提高麵包的營養價值。

本章節始於4種基本材料、其次是4種副材料，以此針對麵團和麵包主要特性和機能性加以解釋和說明。

4種基本材料「麵粉」

麵粉是由小麥製成的粉類。小麥是稻科的植物，原產於西亞且於古文明時代就已被栽植，是種擁有古老歷史的作物。現在小麥更爲廣泛地被栽植，在日本每年消費量約有700萬噸，每年全球的消費量是我們無法想像的數字，約有6億7千萬噸(2011年實際用量)。

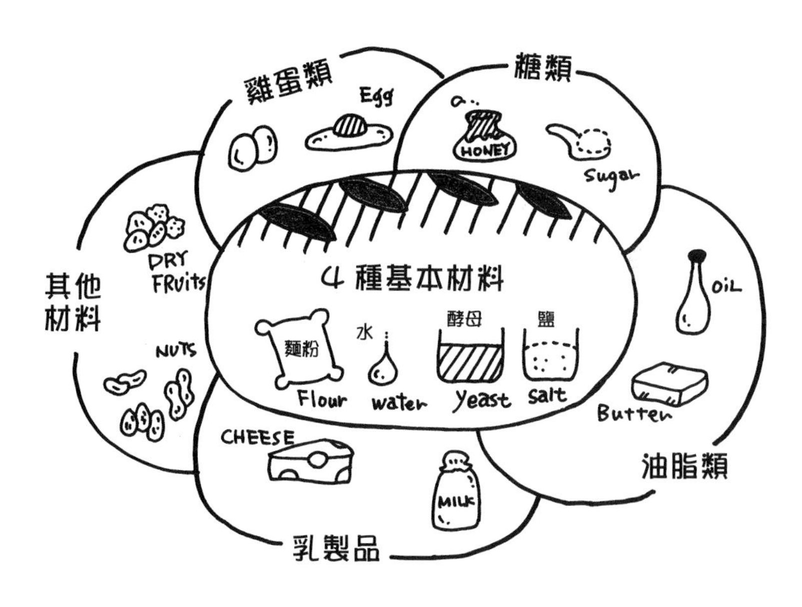

4種基本材料 & 4種副材料
& 其他材料的關係

麵粉的主要成分是澱粉，可以產生飽足感並且在人體內將糖類分解，成爲維繫生命不可或缺的肝醣(glycogen)。僅以營養價值來看，其他穀類也同樣具有澱粉，也是人類維持生命的必要成分。此外，雖然有大麥、小麥、薏仁、燕麥等各類穀物，但麵包製作上使用的還是小麥。

這是什麼原因呢？這個秘密就在於小麥特有的蛋白質，麥穀蛋白和醇溶蛋白的作用。這些蛋白質與水結合時會產生稱爲麵筋的物質，在二次加工時可以完全發揮其方便之特質。麵筋具有沾黏的特性，可以將其他材料整合成團。再加上具有彈力，因此可以在某個程度上自由變化其外形。這些小麥的特質，使其成爲製作麵包時不可或缺之存在。

■ 麵粉的作用

在麵包製作上，麵粉有兩大作用。

首先，小麥特有的蛋白質(麥穀蛋白和醇溶蛋白)都不溶於水，反而具有吸收水分的作用。吸收水分時，施以物理性外力(例如揉和、搓揉、敲扣、拉扯等力量)時，使水分與其結合，可以讓稱爲麵筋的黏性和彈性，形成具有網狀結構的薄膜組織。麵筋會因加熱而產生熱固化，以建築物而言就像是樑柱般存在，成爲麵包的骨架。

其次，麵團中含有小麥澱粉，加熱後會因吸收水分而膨脹、糊化，產生熱凝固。以建築物而言，就像是形成樑柱間的牆面。

紮實的麵筋骨架和澱粉形成彈性的牆壁，才能做出膨鬆柔軟的麵包。

■ 日本的麵粉種類與等級

製作成麵粉後的分類，有幾個方法。雖然也會因國家而有不同的分類，但在日本國內製粉公司是自主規制，使用麵粉中蛋白質含量來做爲分類。此外，也有以麵粉中灰分(礦物質)的比例來做爲等級分類。

Column 軟質小麥與硬質小麥

做為麵粉原料的小麥，有各式各樣的品種，但依其麥粒的硬度而被大致區分成軟質小麥和硬質小麥。兩者的不同主要在於胚乳部分的硬度，相較於硬質小麥，軟質小麥的胚乳結構較不紮實且柔軟，製作成粉類時也較容易被碾碎，粒度較細。另一方面，硬質小麥的胚乳較細緻緊密，不容易碾碎因而粒度較粗。

而且，一般來說，相較於軟質小麥，硬質小麥所含的蛋白質較多，因此硬質小麥和軟質小麥各別成為製作高筋麵粉和低筋麵粉的原料。

● **依所含蛋白質來分類**

依麵粉中所含蛋白質含量多寡，而分爲高筋麵粉、中筋麵粉、低筋麵粉。

● **依灰分比例來分類**

另一個分類方法是視麵粉中灰分(礦物質)的比例來分類，比例低者爲首，區分爲特級、一級、二級、末級。

麵粉的分類標準各國不盡相同，美國是以蛋白質含量、法國和德國是以灰分比例、而義大利則是以製作粉類過篩時的網目粗細尺寸來進行分類。網篩網目較細的粉類，粒子也較細。

■ 用於麵包的麵粉種類

● **高筋麵粉**

正如同字面上的意思，是具有強力筋度的粉類。強力筋度是指麵筋產生量多，則力度也較強，簡而言之就是黏度較強且富有彈力。

高筋麵粉的筋度爲什麼會較強呢，這是因爲其中含有較多能形成麵筋的小麥白蛋，而形成麵筋結構的麥穀蛋白和醇溶蛋白的質量也較佳的原故。

麵筋的力度越強，能夠保持住麵團發酵時，由酵母所產生二氧化碳的薄膜組織也越強。舉例而言，麵筋薄膜像氣球的橡皮，空氣就像二氧化碳。橡皮的延展能力越強，氣球就可以膨脹得越大，麵筋越強麵包越能烘烤得膨脹鬆軟。

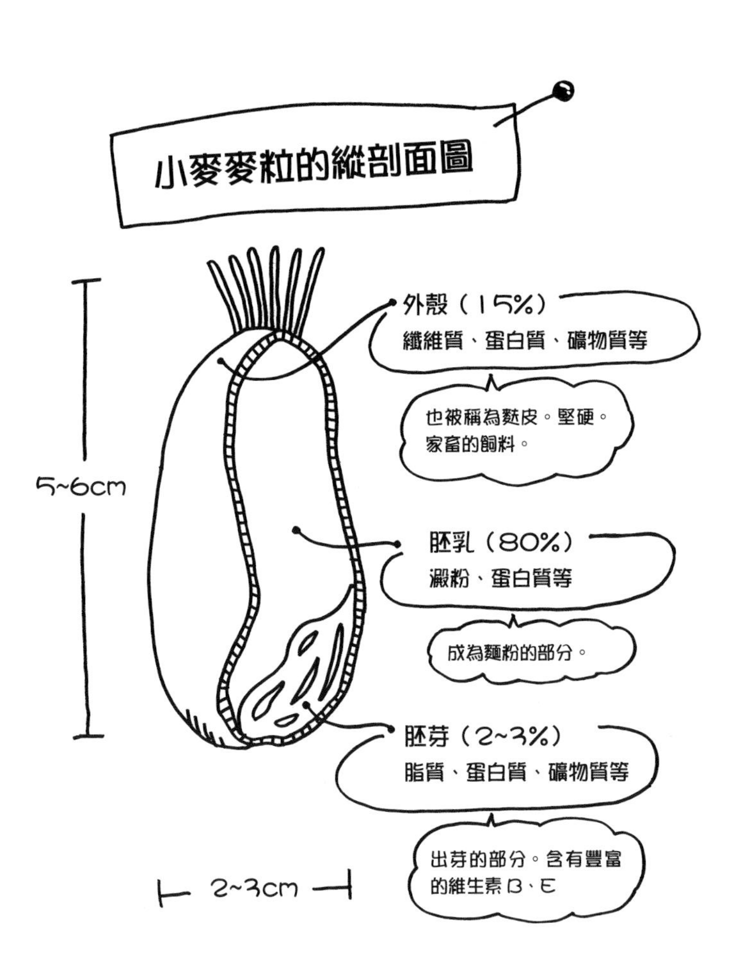
小麥麥粒的縱剖面圖
5~6cm
外殼（15%）
纖維質、蛋白質、礦物質等
也被稱為麩皮。堅硬。
家畜的飼料。
胚乳（80%）
澱粉、蛋白質等
成為麵粉的部分。
胚芽（2~3%）
脂質、蛋白質、礦物質等
出芽的部分。含有豐富
的維生素B、E
2~3cm

一般來說，蛋白質的含量約在11.5~14.5%的稱爲高筋麵粉，可以使用在所有的麵包上。想要做出膨脹柔軟的的麵包時，小麥蛋白含有量佔麵粉全體的11%以上，就是理想狀態。

高筋麵粉是由含有較多小麥蛋白的硬質小麥調和製成的粉類。因此可以形成具有黏性的麵筋，也因爲水分吸收率較高，能夠強力且長時間地進行攪拌，以增加麵包的體積。雖然高筋麵粉是追求麵包體積時最適合的粉類，但依麵包種類的不同，也有些麵包適合蛋白質含量較少的粉類。

- **法國麵包專用麵粉**

所謂的法國麵包專用麵粉，適用於製作法國麵包般硬質或略硬麵包的粉類。製作法國麵包的粉類，在日本國內以法國麵粉 type 55（灰分量0.5~0.6）、type 65（灰分量0.6~0.75%）等爲基本的製作麵粉。法國麵包專用粉類（法國麵包專用麵粉），有以法國產小麥作爲原料，但也有些是使用其他產地，以及其他種類小麥混合製作而成的粉類。小麥蛋白含量在11.0~12.5%，灰分量0.4~0.55%的高筋麵粉，不僅適於製作麵包，同時具有良好的香氣及風味。

- **低筋麵粉**

小麥蛋白含量在6.5~8.5%，灰分量0.3~0.4%的粉類就稱爲低筋麵粉。顆粒較細、麵筋含量較少且弱，主要用於糕點的製作。用在麵包製作上，軟質的糕點麵包或甜甜圈，或是希望入口即化、有脆爽口感時，會在配方中搭配部分的低筋麵粉。

● 全麥麵粉

全麥麵粉是利用整顆小麥粗碾而成的粉類，又被稱爲粗全麥粉(Graham flour)。因爲包含了全部的外殼(麩皮)、胚乳、胚芽等部分，因此較一般的麵粉含有更多的礦物質和食物纖維。以全麥吐司graham bread或全麥麵包Pain complet爲首，在追求硬質或半硬質麵包獨特口感及風味時，會在粉類配比中加入部分全麥麵粉。

當然，不僅是部分的配方比例，也有些完全以全麥麵粉來製作的麵包。但因爲外殼及胚芽部分的比例較高，麵團中的麵筋組織會被硬殼等堅硬部分破壞切斷，因此不能保留住二氧化碳而無法膨脹，這樣的結果就會導致不易烘烤至熟透。

■ 日本國產小麥與法國產小麥 ································

● 日本國產小麥

小麥，即使是相同的品種，也會因土壤及氣候的改變而呈現出不同的品質。在日本國內栽植的小麥(稱爲內麥)，一般而言屬性應是軟質小麥和硬質小麥之間的硬度，這就是中筋麵粉的原料。但隨著最近大家對國內小麥的關注，市面上也開始出現了日本國產小麥所製成的高筋麵粉了。雖然這是道地品種改良之後重新組合而推出的產品，但收成量仍不多，還無法全面地滿足所有的需求，價格也仍偏高。因爲香氣十足，已有部分麵包店採用。

● **法國產小麥**

因蛋白質含量少（含量10％左右的居多），同樣地與高筋麵粉相比，和日本國內產麵粉一樣，麵筋形成較少是最大的特徵。此外灰分含量高（富含礦物質）因此麵團容易沾黏，也因此麵包不容易膨脹，雖然不適合製作所有麵包，但是香氣和風味足夠，最適合用於硬質或LEAN類（低糖油成份配方）麵包，可以藉著烘烤來增加商品的附加價值。

Column 具有高營養價值的「小麥胚芽」

小麥胚芽是小麥的胚芽（出芽的部分），僅佔麵粉中2％而已。但均衡地含有豐富的維生素B群、維生素E以及鈣、鐵等礦物質、食物纖維等，因此也被稱為是「植物性雞蛋」。雖然我們常聽到市售名為「胚芽麵包」、「小麥胚芽麵包」等，但這些都僅是取出胚芽部分，將其混拌至麵團當中，所製作出來的麵包。

4種基本材料「水」

水是麵包製作上不可欠缺的必要材料。我們無法食用不含水分的食物。魚或肉類等，這些看起來似乎不含水分的食品，其實也包含了水分。人類所食用的食物，必定含有水分。

水有分爲軟水和硬水。水中鈣、鎂含量較多的是硬水，而含礦物質較少的，就被歸類爲軟水，日本國內的水有8成以上是軟水。據說最適合製作麵包的是硬度100mg/l的水。日本的自來水大多是硬度50~60mg/l，而湧水* 多是硬度未及50mg/l或60mg/l。雖硬度略嫌不足，但用自來水已經足以製作出美味的麵包了。若是非常講究水的味道或硬度時，可以使用能確認硬度的礦泉水等。

編註：溪流或當地湧出的水源，有些是雪水的伏流水有些是山泉水，也有可能是地下水，均稱爲湧水。

■ 水的作用 ……………………………………

在麵包製作上，水具有3大作用。

1. 小麥蛋白吸收了水分後，形成麵筋的作用。在麵粉中添加水分充分揉和，麵粉蛋白吸收了水分變化成麵筋。

2. 水藉由被澱粉吸收，促進澱粉糊化的作用。在麵粉中加入水一起加熱時，澱粉吸收了水分膨脹，變成糊狀物質。這就是「澱粉的糊化」，藉由糊化而形成的澱粉就稱之爲「α 澱粉」。α 澱粉呈現柔軟且易於消化的狀態。順道一提的是，容易消化的 α 澱粉持續放置，就會回復原來狀態，這個現象稱之爲「老化」。老化而回復成原澱粉狀態的就稱之爲 β 澱粉。

3. 水具有溶化水溶性材料的作用。水可以溶化鹽、砂糖等水溶性材料，使其均勻分散在麵團中。

此外，雖然水分在高溫烘烤時會氣化，但部分的水分在烘烤完成後，會留在成爲食品的麵包當中。

◎ 4種基本材料「鹽」

鹽，對人類生命而言，是生理上不可或缺的礦物質。此外，帶有鹹味的食物會更美味，也更能提高食品的保存性。添加了鹽的食品和沒有添加鹽的食品，只要試過立刻能分辨出其風味不同。如同自古以來所謂的「良好的鹽梅(日文意爲：良好的安排）」，鹽分的增減之於食品風味，眞可說是具有莫大作用的調味料。

■ 鹽的作用

在麵包製作上，鹽的作用可以分爲3大項。

1. 如前述般是味道的提升。鹽對人類味覺而言，是不可欠缺的存在，因此沒有加入鹽分的麵包乾燥無味。加入鹽分的麵包，除了增加了鹹味之外，同時能提引出砂糖的甘甜及麵包的風味。

2. 鹽能減少麵筋沾黏的同時還能強化彈性。鹽分能夠使麵筋的網狀結構變得更加細緻緊密。因此能緊實容易產生鬆弛的麵團，使其成爲富有彈性、紋理細緻的美味麵包。反之，沒有添加鹽分的麵團，表面會呈現沾黏無法緊實，麵團的氣體保存力降低，容易成爲膨脹狀態不佳的麵包。更甚至是產生麵團發酵或膨脹時間拉長等情況，爲了彌補如此作業上的狀態，製作無鹽麵包時，有時候會添加麵團改良劑(酵母食品添加劑，主要是維生素 C 等抗氧化劑)，以緊實麵團。

3. 能適度地調整發酵，防止雜菌的繁殖。能抑制急遽的酒精發酵，維持麵包的香氣和風味，對於以酵母爲首的各種微生物具有抗菌作用，擔任著發酵控制員的角色。

各種微生物當中也存在著暴走族，不時會暴走一下破壞麵團的狀況。這個時候鹽分可以取締微生物暴走族的作怪，擔任麵團內警察大人的活躍角色。

■ 掌握使用鹽分的氯化鈉含量

有時添加相同配比的鹽分，但麵包的鹹味卻不同。這是因爲使用鹽分中氯化鈉的含量不同所造成。通常含有越多氯化納時鹹味越重。

例如，一般食鹽中氯化鈉含量爲99.5%以上，碳酸鎂(鹽基性碳酸鎂 Basic Magnesium Carbonate)約佔0.4%。一方面並鹽或醃漬用鹽的氯化鈉含量在95.0%以上，兩者的氯化鈉相差4~5%。因此，掌握使用之鹽分的氯化鈉含量，就變成選擇麵包製作時用鹽的重點了。

■ 鹽會吸收空氣中的濕氣

鹽分會因爲濕氣過高而凝固。飽含了濕氣的鹽會變重，即使量測了相同的重量，其中會因包含了水分重量而產生差異，所以實際上氯化鈉的含量也會因而不同。

之前提及的麵包是依「烘焙比例」的配比標示法來計算用量(請參考55頁)。因爲麵團中配比的鹽分用量，是依照麵粉的百分比來計算，所以使用的鹽應該要採用乾燥且品質穩定之產品。若是鹽分中吸收含有濕氣，請用小火烘煎以去除。

表：製作麵包時經常使用的鹽類製品及特徵

名稱	氯化鈉含量	粒度	特徵
並鹽	95% 以上	600~150μm 80% 以上	相較於其他的鹽，含有較多碳酸鎂和水分，價格較便宜，一般業務使用。
食鹽	99% 以上	600~150μm 80% 以上	減少了容易吸收濕氣的礦物質成分，相較於並鹽，顆粒間更為鬆散。一般家庭用。
精製鹽	99.5% 以上	500~180μm 85% 以上	更接近單純的氯化鈉。顆粒細且鬆散。添加了防止固結劑 *。
調理鹽	99% 以上	500~180μm 85% 以上	顆粒細且鬆散，易於使用。添加了防止固結劑 *。
餐桌鹽	99% 以上	500~300μm 85% 以上	呈鬆散狀。顆粒最均勻。添加了防止固結劑 *。

（氯化鈉含量和顆粒大小以財團法人鹽業中心資料為基準）

* 為保持其鬆散狀態，而加入了添加物，鹽基性碳酸鎂 Basic Magnesium Carbonate。

4種基本材料「酵母」

酵母是直接影響麵團發酵、膨脹的重要材料。

英文當中yeast，就是「酵母」的意思，而現在日本一般主要用於麵包發酵的(麵包酵母)也都直接稱之爲酵母。

酵母中因酒精發酵而產生的二氧化碳，也是麵團膨脹的來源，麵包膨脹的同時所釋出的芳香性酒精及有機酸，就成了麵包的香氣及風味。最近，可以冷凍保存的半乾燥酵母新產品問市。依麵包的種類和製作方法的不同，需要的酵母種類及添加用量也各有差異，因此選擇最適宜的酵母也非常重要。

酵母是生物

生物可以區分成動物、植物以及菌類。而其中菌類更可區分爲原核菌類(prokaryote)和眞核菌類(eukaryote)，酵母就是屬於眞核菌類之微生物。所謂的微生物就是人類肉眼所無法目視的微小生物，不使用顯微鏡就無法確認它的存在。

酵母在菌類之中，是對人體有益的微生物，與同屬眞核菌類的黴菌或蕈類，有著親戚般關係。此外，酵母的細胞比原核菌類的細菌類更大，屬於菌類中的高等生物。

■ 作為麵包用酵母最適合的是釀酒酵母

雖然簡單的酵母一詞，但其實包含了幾百種。其中被認爲最適合麵包或糕點製作的酵母，就是稱爲「釀酒酵母 Saccharomyces cerevisiae」的種類，現在廣泛地被利用爲麵包酵母使用。

編註：Saccharomyces cerevisiae 又稱出芽酵母、啤酒酵母或麵包酵母。

■ 酵母的增殖

酵母是以「出芽」的方式來增殖。由成長的酵母細胞上長出突起物，接著不斷續長至完全熟成爲一個細胞後，才會由原細胞分離獨立出來。分離出來的稱爲子細胞，而原來的細胞則稱爲母細胞。

據說在最適切的環境下，由出芽至分離爲止需要2個半小時至3小時。酵母是微生物，因此最活化的活動溫度是25~40℃，超過45℃後其機能會隨之降低，超過60℃以上就開始會死亡或消失。

酵母只要有氧氣、水以及其他的營養成分，無論在何處都能進行增殖。氧氣充足的環境下，會進行細胞分裂地增殖，氧氣量越多增殖的速度也越快。相反地，氧氣不足時，增殖會因而停止，開始進行酒精發酵。

■ 酵母的種類

酵母當中分爲新鮮酵母、乾燥酵母和即溶乾燥酵母三種。依麵包的種類和製作方法不同，使用的酵母種類和添加量也會隨之改變，因此選擇區分酵母的使用也非常重要。接著就針對這些酵母各別加以說明。

● 活酵母就是「新鮮酵母」

新鮮酵母是由存在於自然界中的多種酵母當中，選擇最適用於麵包製作的酵母，放入培養液中單純培養使其增殖，將培養液以離心分離洗淨並脫水至僅殘留70%的水分，再壓縮成塊狀。1g的新鮮酵母當中，存在著100億以上的活酵母。因爲是活的酵母，因此就算是在物流過程中也必須冷藏保存，約可保存1個月左右。溶於配方用水即可使用。

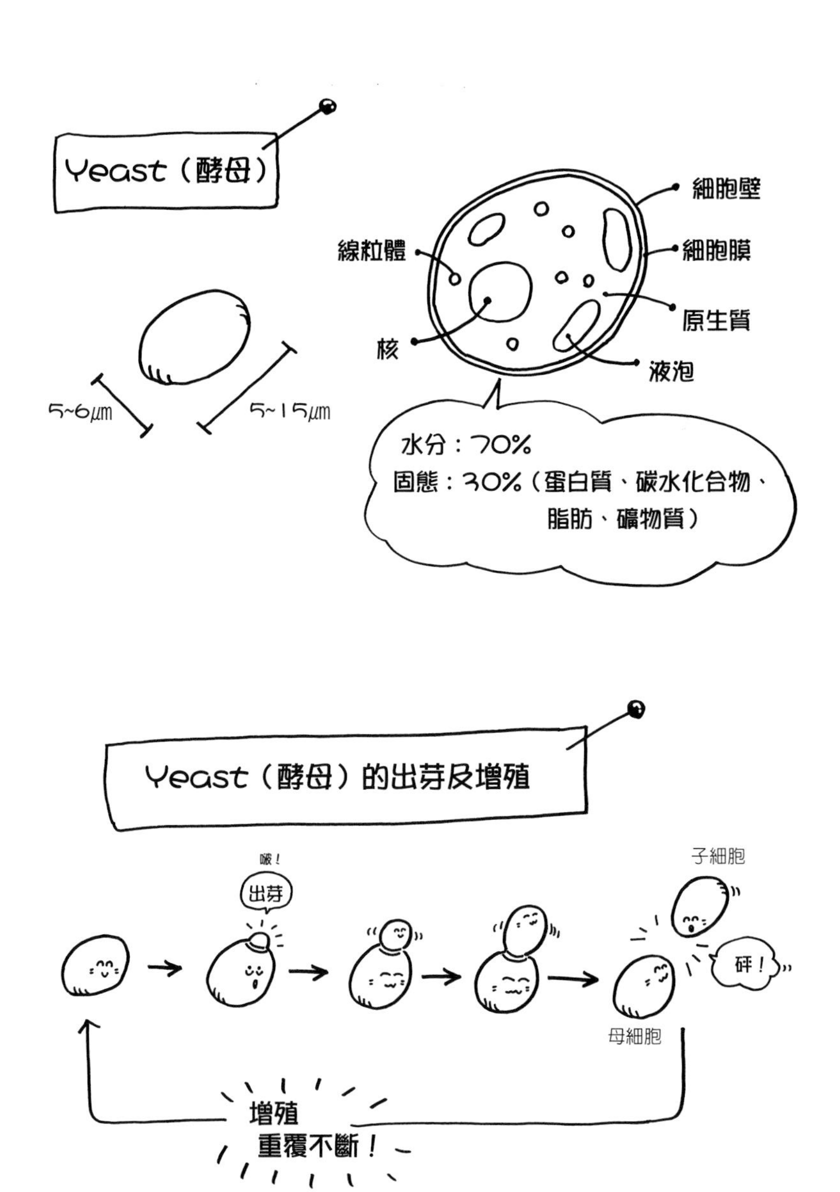
Yeast（酵母）
5~6µm
5~15µm
細胞壁
線粒體
細胞膜
原生質
核
液泡
水分：70%
固態：30%（蛋白質、碳水化合物、
脂肪、礦物質）
Yeast（酵母）的出芽及增殖
啵！
出芽
子細胞
砰！
母細胞
增殖
重覆不斷！

在日本製造上市銷售的新鮮酵母，大致而言是最適合用在日本製作的軟質麵包或是 RICH 類(高糖油成份配方)麵包的酵母。

特別是糕點麵包或甜麵包卷般具甜味的麵包，因爲配方中砂糖用量較高，會使得麵團內的糖分濃度變高。在高糖分濃度的麵團中添加酵母時，依正常的滲透壓作用，會使得細胞膜被破壞而降低發酵能力。但若是使用日本的新鮮酵母種，因具有滲透壓之耐久性，可以承受高糖分濃度的環境，也能維持住發酵能力。

另一方面，日本新鮮酵母的轉化酶活性較高，可以分解砂糖(蔗糖)作爲營養成分，以活絡發酵活動之進行(請參考130頁「添加砂糖(蔗糖)麵團的酵母作用」)。

● **可以常溫保存的「乾燥酵母」**

乾燥酵母是選擇了強而有力且耐乾燥的酵母單純培養，利用離心分離後以低溫乾燥成粒狀的成品。即使乾燥後也不會死亡，僅進入休眠狀態。可以在常溫下運輸保存，未開封的狀態可以保存2年。開封後應保存於陰涼乾燥之處，並儘早使用完畢。此外，在使用時必須進行預備發酵的動作。加入乾燥酵母5倍用量的溫水(約40度左右)混拌，放置10~15分鐘，確認發酵後即可使用。

乾燥酵母的水分含量約在7~8%左右，只要新鮮酵母50%的重量，即可得到同等的發酵能力。雖然依製品不同也會略有差異，但一般而言，較新鮮酵母更具發酵的香氣。搭配麵粉烘烤後的香味，更是相得益彰，因此經常被運用在能烘托出麥香的LEAN類(低糖油成份配方)硬質麵包上。此外，相較於轉化酶，麥芽糖酶的活性更高，用於沒有砂糖配比的LEAN類(低糖油成份配方)麵團時，更能發揮其作用(請參考130頁「無添加砂糖(蔗糖)麵團的酵母作用」)。另一方面，乾燥酵母可以在常溫之下運送保存，保存時間也較長，因此也有由法國輸入適合LEAN類麵包的乾燥酵母。

● **使用方法簡單的「即溶乾燥酵母」**

將酵母培養液凍結乾燥製作成的顆粒狀酵母，包裝成眞空狀態，可常溫運送。使用期限未開封爲2年。開封後必須密封冷藏保存，儘快地使用完畢。

顏色是茶色的鬆散顆粒狀，使用方法非常簡單，可以溶於水分也可以混拌於粉類之中。雖然香氣不及乾燥酵母，但酵素活性更勝一籌，使用新鮮酵母40%的用量，即可得到相同的發酵力。

即溶乾燥酵母有無糖麵團規格(適用無添加砂糖的麵團)，和加糖麵團規格(適用添加砂糖的麵團)兩種類型，所有的麵包可以各取所需。接著針對不同麵團加以說明酵母的作用。

- **添加砂糖(蔗糖)麵團的酵母作用**

相對於粉類添加了2~3%砂糖的麵團，使用的是加糖麵團規格(高蔗糖型)的酵母。加糖麵團規格的酵母具有滲透壓之耐久性，轉化酶活性大於麥芽糖酶的酵母類型。轉化酶活性較強時，麵團中的蔗糖就會迅速地被分解爲葡萄糖和果糖，同時產生二氧化碳。而麵團中只要留存著蔗糖，轉化酶活性就會持續，也因此會持續產生二氧化碳。

- **無添加砂糖(蔗糖)麵團的酵母作用**

無添加砂糖的麵團，使用的是無糖麵團規格(低蔗糖型)之酵母。無糖麵團規格的酵母，滲透壓耐久性較弱，但麥芽糖酶活性高於轉化酶活性的酵母。因爲沒有蔗糖的存在，所以轉化酶英雄無用武之地，靠著麥芽糖酶的作用，酵母就必須將麵團中的澱粉分解成酵母喜愛，單糖類的葡萄糖，再進行發酵。

澱粉分解成葡萄糖的過程，就是澱粉被麵粉中所含的澱粉分解酵素，也就是澱粉液化酶(α-amylase)和澱粉糖化酶(β-amylase)分解成麥芽糖。在雙醣類的麥芽糖狀態下，對酵母沒有任何助益。因此酵母中所含的麥芽糖分解酵素的麥芽糖酶，就會將其分解成單糖類的葡萄糖。酵母由葡萄糖中獲得養分，發酵並產生二氧化碳。經由這些複雜的過程以促進發酵，所以需要較長的時間。這個就是LEAN類(低糖油成份配方)麵包需要較長發酵時間的原因。

4種副材料「砂糖」

在麵包製作上，砂糖的作用有以下列舉各點：❶爲麵包增添對人類味覺而言，非常重要甜味　❷部分蔗糖被分解出葡萄糖和果糖，成爲酵母的營養來源　❸藉由加熱引發梅納反應(Maillard reaction)，有助於麵包呈色　❹保水性(烘烤後口感潤澤，不易變硬)等。

放眼全球，一提到砂糖最想先到的就是一般的細砂糖。因此，無論是糕點製作、麵包製作等業界，基本上使用的都是細砂糖。日本使用稱爲上白糖的獨特砂糖，因此大部分會區分成，運用在日本料理或日式糕點時會使用上白糖，而西式糕點則使用細砂糖，糕點麵包有時也會使用上白糖。

■ 砂糖的種類

細砂糖或上白糖之外，還有黑糖、紅糖等，其他還有糖蜜等液態糖。

● 細砂糖

精製的蔗糖液濃縮後製成粒狀白色結晶的砂糖，含有蔗糖99.8% 以上的高純度糖，也是方糖之原料。呈鬆散狀並且具有易溶於水之特性。

● 上白糖

含有轉化糖(請參照158頁)的上白糖，甜度更高於細砂糖且濃郁，但因含有水分而粒子間容易沾黏。使用於擁有胺基酸的糕點或麵團時，受到轉化糖的影響，一加熱就很容易產生梅納反應(請參考167頁)，相較於細砂糖會更容易形成烘烤色澤。

● 黑糖

甘蔗汁熬煮而成，也被稱爲黑砂糖或大島糖。呈黑褐色，相較於精製糖，其糖分濃度較低約爲80%，其中卻含有豐富的鈣、鐵等礦物質。可以帶給麵包特殊的色澤、香氣和風味。

4種副材料「油脂」

麵包製作時油脂的作用可以列舉如下：❶為麵包增添獨特的風味 ❷作為麵團中麵筋的外層潤滑油，提升麵團的延展性 ❸奶油中含有胡蘿蔔素(色素)，可以更加提升麵包的色澤風味 ❹提升麵包的膨脹能力，同時也能延緩麵包的硬化。

■ 適合麵包製作的油脂

麵包製作上經常使用的油脂包括：在常溫下呈固態的奶油、乳瑪琳、酥油等固態油脂，以及常溫下呈液態的橄欖油、沙拉油等液態油脂。相較於液態油脂，固態油脂會因溫度變化而改變其狀態，具有較大之可塑性，所以較適合運用在麵包的製作上。

均勻地揉和了油脂的麵團，會因油脂的可塑性而使得麵團的延展性變得更好，在烤箱中也會更容易膨脹。其結果就是麵團能均勻充分受熱，而烘烤出膨鬆香軟的麵包。

希望烘烤完成的麵包中能有油脂的特性時，可以選用奶油、乳瑪琳或橄欖油等，若沒有特別需求時，則可以使用無味無臭的酥油或沙拉油。添加油脂時，最重要的是依照自己希望完成的麵包樣貌，來選擇使用的油脂。

■ 油脂的種類

● 奶油 Butter

以牛奶爲原料加工製作而成的食用油脂，是乳製品之一。濃縮了牛奶中所含的乳脂肪製作而成，法規上明令乳脂肪80% 以上，水分17% 以下者才能稱爲奶油。奶油加熱後更增風味，可以賦予麵包特殊的香氣。

可區分爲無鹽奶油(不加食鹽)和含鹽奶油，以及發酵奶油和非發酵奶油。含鹽奶油是在製作過程中添加2% 程度的食鹽，以提高其保存性。發酵奶油是在製作過程中添加乳酸菌，使其發酵製作而成。發酵奶油的保存性低容易劣化，但具有其獨特的香氣及風味，近來日本國內的需求量也大爲提升。製作麵包時使用無鹽奶油是一般的認知常識。

相較於乳瑪琳，奶油較容易氧化，因此必須放置在10℃環境下冷藏保存。

● 乳瑪琳 Margarine

以植物性和動物性油脂爲其原料，添加香料後加工成固體形狀的食用油脂。本來是爲取代昂貴的奶油而開發的替代品，但隨著近年來加工技術的發達，不僅用於替代，更能利用其風味及加工特性，製作出極接近奶油的高品質產品。味道和風味雖不及奶油，但具有優異的可塑性，所以適合用於麵包製作。規定油脂含量必須達80% 以上者才能稱爲乳瑪琳。

- **酥油 Shortening**

主要是以植物性油脂爲原料，添加了乳化劑、抗氧化劑、氮氣等添加物之後，製作而成的加工油脂。由美國開發用以取代豬油(lard)，無色、無臭無味，也不易氧化，可以常溫保存。是種不含水分的固態油脂，可以增加麵包香酥鬆脆的口感。現在除了固態之外，也生產了液體及粉狀之產品，更加擴大可利用的範圍。

- **橄欖油 Oliver oil**

由橄欖果實製作而成的油脂，主要成分的不飽和脂肪酸(oleic acid)具有降低血液中膽固醇的作用。

- **沙拉油 Vegetable oil**

以綿籽油、大豆油、菜籽油等做爲原料，精製度高而且沒有特殊味道的油脂。

4種副材料「乳製品」

在麵包製作上，乳製品的作用可以列舉如下：❶可爲麵包帶來隱約的奶香 ❷乳製品中的乳糖不會成爲酵母的營養源，而會留在麵團內，讓烘烤出的麵包呈現更鮮艷漂亮的烤色 ❸可以減緩麵包 pH 値的降低(酸性化)。

■ 乳製品對於麵包風味及烤色，是不可缺少的材料

乳製品是提升麵包風味及改善烘焙色澤，所不可或缺的材料之一。據說過去爲了提升麵包的風味，改以牛奶取代水分，是麵包運用乳製品的開始。

乳製品所含的固體成分(乳糖、乳脂肪、蛋白質等)一旦加熱，因其產生的化合物而形成香甜風味。俗話說的「乳香」、「乳臭」，這些指的都是乳製品在麵包中隱約呈現出的奶香味。

再者，因麵團中所含的乳糖產生焦糖化和梅納反應，而產生的焦色及天然色澤，烘烤後讓麵包表面更添鮮艷的茶褐色。

使用除去脂肪成分的乳製品時，也能延緩麵包內所含油脂的氧化及劣化。

雖然麵包一般都使用脫脂奶粉，但依麵包種類不同也有使用牛奶、鮮奶油、優格或起司等乳製品的時候。

■ 乳製品的種類 ··································

● 脫脂奶粉(skim milk)

被稱爲脫脂奶粉，是指脫脂乳(除去鮮奶或牛奶中所有的乳脂肪成分)，使其噴霧乾燥製成的粉狀，是奶粉的一種。因爲乳蛋白和乳糖等都被濃縮於其中，所以用量少於牛奶。不僅是不含動物性脂肪的動物性蛋白質之來源，也含有優良的鈣質及維生素 B2。因含脂肪量極少所以不易氧化，可長期保存。

● 牛奶

牛隻的奶，含有90% 水分和10% 固態成分的高營養價值之食品。約含3% 的蛋白質，其中約有80% 是酪蛋白，而其餘的20% 是乳清蛋白質(乳球蛋白和乳清蛋白)。牛奶中存在著與鈣質結合的酪蛋白鈣，飽含所有必須胺基酸的優良蛋白質。

● 其他可搭配麵包特性使用的乳製品

除了具代表性的脫脂奶粉、牛奶之外，其他可搭配麵包特性加以運用的乳製品，還有煉乳、鮮奶油、優格等。

煉乳是牛奶濃縮而成，也是乳製品的一種。爲了增加牛奶的保存性而開發出來的食品，雖然因爲加熱而破壞了水溶性維生素，但其他的營養成分都與牛奶相同。

鮮奶油 cream 是利用離心脫水機，除去乳脂肪以外的成分製成，富含乳脂肪的乳狀液體。日文俗稱爲「生クリーム意爲新鮮的奶油」。

優格是在牛奶當中接種乳酸菌使其發酵，利用酸性來凝固牛奶中含有蛋白質的酪蛋白，以此製作而成的一種發酵乳。營養成分足與牛奶匹敵，是蛋白質與鈣質利用率極高的食品。乳糖的一部分變化成乳酸，所以即使是喝了牛奶會腹瀉的人也可以安心食用。

Column 運用在麵包上的乳製品代表

運用在麵包上的乳製品代表，不管怎麼看都是脫脂奶粉（skim milk）吧。通常脫脂奶粉會與其他粉類混合後放入一起攪拌。一般來說，相對於粉類約是2~4% 配比的用量，但若是像牛奶麵包類的製作，約是粉類的5~6% 的配比。換算成牛奶，相對於粉類約是72% 的用量，變成必須以牛奶替代水分來使用，如此材料和成本上的負擔就變大了，反而欠缺實用性。脫脂奶粉在麵包店中會成為如此重要之存在，最大的理由在於其簡便且低成本。只是脫脂奶粉的吸濕性極佳，很容易結塊，所以請以密閉狀態，保存於陰暗涼爽處。此外，因為在常溫狀態下使用，儘可能在使用前才進行量測，或是預先量測後混入砂糖備用，必須多下點工夫。

4種副材料「雞蛋」

在麵包製作上，雞蛋的作用，可以列舉如下：❶可以使麵包增添柔和圓融之風味　❷蛋黃中所含的胡蘿蔔素(色素)可以使麵包呈現黃色調　❸蛋黃中所含的卵磷脂(lecithin)(乳化劑)可以使材料充分混合，有助於麵團的柔軟及體積的增量，還能讓麵包的口感變好。

雞蛋是對麵包具有極大影響力的材料。蛋黃不但能增添麵包的香氣和風味、增加麵包的體積及口感，還可以改善表層外皮及柔軟內側的色澤，與油脂共同發揮其最大效果。

蛋黃中所含稱爲胡蘿蔔素的黃橙色色素，特別能使麵包柔軟內側的色澤變黃，讓麵包看起來更加美味。蛋黃濃厚柔和的風味，更能增添麵包的濃郁香氣。而蛋黃當中卵磷脂的乳化作用，使麵團中油脂產生遊離的細小水分子，擴散至油脂的分子層當中。藉由這樣的作用使麵團變得更柔軟，結果不但可以改善麵團的延展性也提升了膨脹力，做出口感更輕盈鬆脆的麵包。

其他添加物

除了發酵麵包所不可或缺的4種基本材料，以及增添麵包美味的4種副材料之外，還可以添加其他材料以促進麵團的發酵，並且改良麵團的物理性。在此針對一般使用的麥芽精和麵團改良劑加以說明。

- **麥芽精**

麥芽精是熬煮發芽的大麥後，萃取出麥芽糖(二糖類)的濃縮精華。因呈現濃稠的糖漿狀，因此也稱爲麥芽糖漿。麥芽精的主要成分是麥芽糖，所以也富含分解澱粉的酵素澱粉酶。

在麵包製作上的作用：❶沒有砂糖配方的麵團在烘烤時呈色較差，添加後可以改善麵包的烘烤呈色　❷麥芽精之中含有分解澱粉之澱粉酶，能將澱粉分解成麥芽糖(二糖類)，讓麵團發酵初期即有大量的麥芽糖生成　❸麥芽糖是由酵素擁有的麥芽糖分解酵素麥芽糖酶，來分解成葡萄糖(單糖類)後，才能成爲酵母的營養成分，並以促進酒精發酵等。

■ 使用於 LEAN 類硬質麵包的麥芽精

一般而言使用在法國麵包等無添加砂糖的 LEAN 類(低糖油成份配方)硬質麵團上。這是因爲沒有添加砂糖的法國麵包，爲使酵母能夠發酵，首先要將麵粉中的澱粉分解成葡萄糖。本來就是利用麵粉中所含的 β- 澱粉酶的作用，將澱粉分解成葡萄糖或麥芽糖，但有時候只有這些是不足的，所以才需要借助麥芽精中含有的 α- 澱粉酶活性的助力。藉由添加麥芽精，而能夠縮短酵母將澱粉分解成葡萄糖的時間。

■ 使用量 ··

使用量，一般而言相對於粉類比例爲0.2~0.1%左右。過去日本國產與外國產的麥芽精中澱粉酶的活性，會有2~3倍的差異，但最近已經沒有太大差別了。

● 麵團改良劑

所謂的麵團改良劑，是爲了製作出良好安定的麵包，而開發出的食品添加物之總稱。1913年，由美國Fleishman公司所研發出的麵團改良劑（improver），據說當時製作的目的，在於改善揉和麵團用的水質，使麵團能更具彈力和延展性。

一般來說，會稱之爲「麵團改良劑」、「酵母食品添加劑」等，具有各類機能之化合物或混合物，被均衡地調配在一起。化合物等配方會因各家廠商而略有微妙的不同，效果也略有差異。

在製作麵包時，麵團改良劑的作用可以區分爲3大項：❶改變水的硬度 ❷作爲酵母的營養成分　❸爲能安定及強化麵筋組織。

■ 改變水的硬度

水的硬度是指水中所含的鈣質及鎂離子的量，換算成碳酸鈣含量，以ppm 值來標示。含量越高，就是硬度越高，日本的自來水約九成以上都是軟水或微硬水(請參照183頁)。

在麵包製作上，加至麵團的水分硬度越高，麵團中的麵筋組織就越容易緊縮，反之硬度越低，緊實的力量越薄弱，麵團也越容易產生沾黏狀況。日本的自來水屬於軟水系統，因此麵團容易沾黏，爲了改善這種狀況，添加氯化鈣等水質改良劑就能改變自來水，使其成爲硬水。因此可以強化麵團中的麵筋組織，也可以防止麵團的鬆弛。

製作法國麵包或是硬質麵包時，即使是軟水系統的日本自來水也不會有任何問題。基本上製作出抑制麵筋組織發展的麵包時，是不需要使用改良劑來將水質改變成硬水。

■ 成為酵母的營養成分

麵團改良劑當中包含氯化銨(ammonium chloride)、硫酸銨(ammonium sulfate)、磷酸銨(Ammonium Phosphate)等有機酸，這些都是酵母很難從麵團中獲取的成分。因此添加了含有氯化銨等營養補充劑時，可以保持酵母產生二氧化碳的狀況，使酵母活性化以促進發酵。

特別是糖粉較少的LEAN類(低糖油成份配方)麵團當中，有可能因麵團內糖分不足而導致二氧化碳的產生逐漸衰減，因此麵團改良劑就能有效地發揮作用。添加量相對於粉類100~300ppm的程度就非常足夠了。

■ 為能安定強化麵筋組織

小麥是農作物，即使品質管理也很難隨時保持相同的狀態。此外，剛碾磨好的新鮮麵粉或是已熟成的麵粉，都會造成麵團的吸水量、攪拌時間以及發酵情況的不同，特別是新鮮麵粉，因粉類氧化尚未完全，所以會使麵團的沾黏更加嚴重。這時添加具氧化作用的麵團改良劑，就能強化麵團中的麵筋組織了。

氧化劑有好幾種，但現在日本業界使用主流的是抗壞血酸(ascorbic acid 水溶性維生素C)。本來是作爲還原劑使用，但混拌至麵團時，麵粉中稱爲葡萄糖氧化酶(Glucose Oxidase)的酵素，可以將其氧化。氧化型抗壞血酸，會對麵筋中含硫胺基酸的半胱氨酸(稱爲SH基之鏈結)作用，將其轉變爲胱氨酸(S-S連結)。因此得以強化麵筋、促進麵筋的延展及伸展性、也能提高麵筋的網狀結構密度，以提升麵團對於氣體的保存力。

當然，即使沒有氧化劑，仍可以藉由麵團中所存在之酵素，將 SH 基轉變成 S-S 連結，但若如此，SH 基只佔全體的20% 左右而已。藉由氧化劑能將之提升至50% 左右，更加強固麵筋間的連結。添加用量相對於粉類比例，約是 5~10ppm 的程度即可。

其他的副食材

與麵團相適的副食材非常多。

- **添加至麵團中可以提高麵包魅力的食材**

乾燥水果類(葡萄乾、杏桃、無花果等)；堅果類(杏仁果、花生、胡桃等)；香草類(羅勒、蝦夷蔥、荷蘭芹等)；辛香料(胡椒、肉桂、小豆蔻等)。

- **增加麵包變化之食材**

奶油餡類(卡士達奶油餡等)、填充內餡類、表層鏡面類、裝飾類。

用加法來思考麵包的製作

雖然有點冗長，但在此要針對4種基本材料和4種副材料加以說明。僅以基本材料烘烤，像是最具代表性的法國麵包，品嚐麵包中小麥的美味，活用發酵產生的香氣，並將其發揮至最大的簡樸滋味是主流。雖然僅是如此，美味就足以令人滿足了，但若還是希望麵包有些變化，該怎麼做。

例如，甜麵包、柔和圓潤口感的麵包、柔軟的麵包等等。將4種副材料各別加入麵團材料中，就能做出不同口感與風味的麵包，這時有個不能忘記的思考模式，那就是「用加法來思考麵包的製作！」

也就是只要製作麵包，就必須牢記4種基本材料是最低限度，且不可或缺的條件，之後再依麵包特色或區分其特色地添加副材料的思考模式。想製作甜麵包時添加砂糖、想要柔和風味時添加雞蛋、想要濃郁口感時添加奶油，若想要同時擁有以上風味時，就全部加入。這些添加並沒有特別的順序或順位，並且也不是非得如此組合不可。

以4種基本材料爲基礎，想要麵包「變得更美味」、「更有特色」時，只要是安心、安全的食材，幾乎沒有什麼規範或限制。「用加法來思考麵包的製作！」就建築而言，就像是建設了基礎地基後，再隨之增建2樓、3樓或更高樓層般，可以說都是同樣地堆疊而上吧。

但沒有麵包就無法生存下去。
戀愛就像果醬般甜蜜，

〈猶太人〉

第 6 章

製作麵包的理論

用科學來解釋不可思議的現象

白色的麵粉，經過幾個作業過程後，變身成爲香噴噴誘人的麵包。麵包的誕生眞可以說是不可思議的奇蹟，但其實這是有著很深科學根據所賜予的美味。麥子變成稱爲麵包的過程，可以說是支持人類生存，大自然的贈予。

烘烤完成的麵包爲什麼會膨脹呢？

麵包由烤箱取出時，會烘烤得膨脹鬆軟，這是麵團在製作過程中膨脹起來的原故。那麼什麼樣的麵團會膨脹起來呢？讓我們試著分成兩個階段來思考。

第1階段是在將揉和完成的麵團進行分割、整型等，至最後發酵完成前，製作過程中麵團的膨脹。

第2階段是最後發酵完成後，麵團放入烤箱內，至麵包烘烤完成，製作過程中麵團的膨脹。

當然麵團也會因麵團用量不同而有所差異，但通常配方中是以1千億以上的活酵母爲配比基準。這些酵母分解麵團中的糖質，並釋放出具芳香性的乙醇和二氧化碳。這就稱爲酵母的酒精發酵，在適度條件下約發酵2~3小時，就會排放出使麵團膨脹成原來體積幾倍大的二氧化碳。

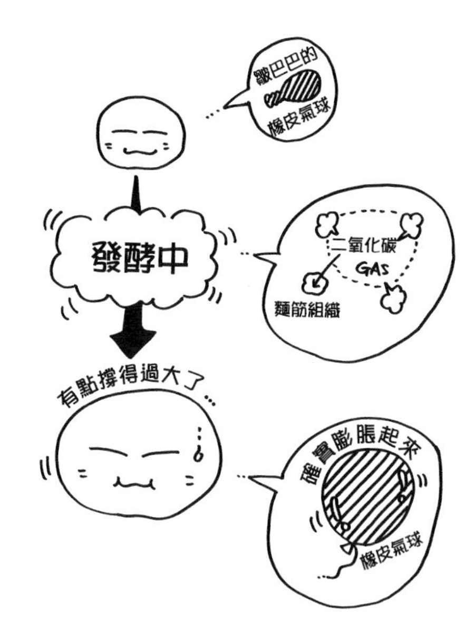

橡皮氣球般膨脹起來的麵團

烤箱內麵團的膨脹

另一方面，要使麵團膨脹起來，也要有像橡皮氣球般能封閉住二氧化碳的結構。這就是麵團在攪拌時，形成的麵筋組織的作用。實際上在製作過程中，進行分割滾圓時，會排放出保存在麵團中的氣體，並且是有意義地排出氣體。在排出的同時也強化了麵筋組織的彈性。這是爲了在最後麵包烘烤完成時，能有足以支撐麵包膨脹體積的強健骨架所進行的作業。因此，在最後發酵完成時，麵團必須能保留住足以能烘烤出膨脹體積的氣體。

第2階段，是思考關於麵團在烘烤時，麵團所產生的膨脹。首先放入烤箱後加熱的麵團，中央部分的溫度約是50~60℃，麵筋組織的軟化或澱粉的膨脹潤澤，使得麵團全體產生流動性變化。伴隨此變化的是完成最後發酵時，麵團中大量的二氧化碳和水分，因此開始了二氧化碳的膨脹和水分的蒸發，超過80℃時，膨脹及氣化更加明顯。到了這個溫度，麵筋的熱凝固與澱粉的糊化，使得麵團開始產生固化，麵團的膨脹也於此結束，也決定了麵包烤好的膨脹體積。

也就是，烤箱內的麵團會因二氧化碳的膨脹壓力與水蒸氣的氣化壓力，而使得麵團因而膨脹起來。

■ 麵筋是神賜的禮物

作為麵包骨架的麵筋組織，到底是什麼樣的存在呢？世界中存在著為數眾多的穀類、豆類及根莖類，而在這些種子、果實、根莖類當中，都各別含有豐富的蛋白質和澱粉。但只有小麥擁有與其他穀類不同的特殊蛋白質，那就是稱為麥穀蛋白和醇溶蛋白的蛋白質，與水分揉和後會形成富有黏性和彈力，稱為麵筋的成分。

原本麥穀蛋白與水結合就會產生具有彈力之特性，而醇溶蛋白則是會出現黏著之特性。這兩項特性重疊起來，就生成了像螺旋狀般的一條麵筋。而無數條麵筋重疊後，就交織成極高密度之網狀結構。不僅成為麵團的骨架，也具有能將酵母進行酒精發酵後產生的二氧化碳，封閉於麵團內的作用。此外，隨著發酵的推進，麵團中產生的二氧化碳增加之同時，麵筋也會隨之延展以形成麵團的膨脹。

麥穀蛋白（彈力）
醇溶蛋白（黏性） ＋ 水 物理性的外力 **麵筋**（具黏性彈力的網膜狀組織）

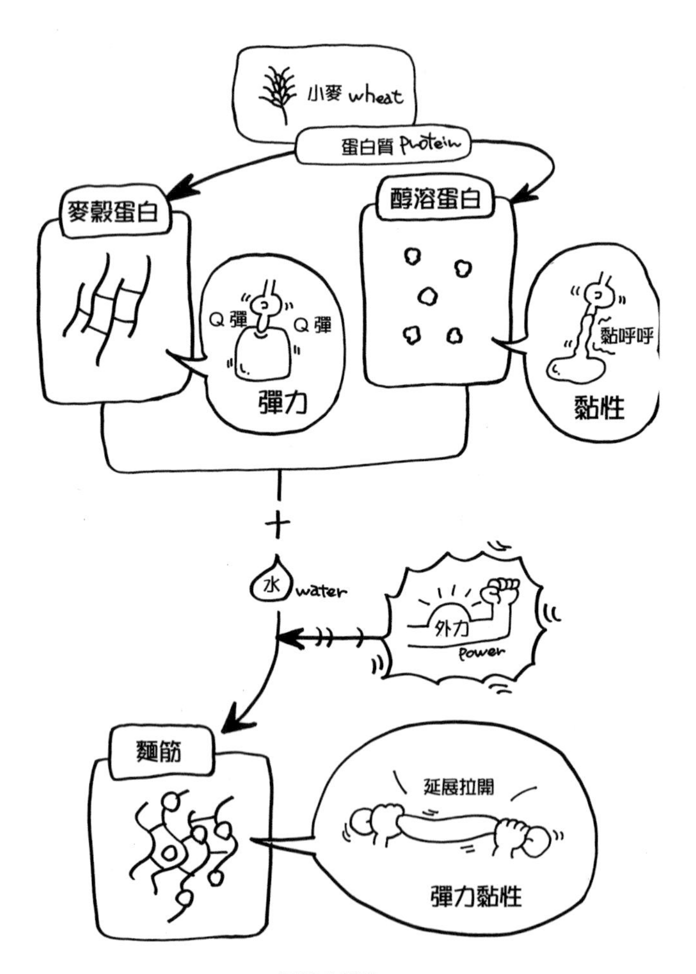

麵筋的構造

■ 二氧化碳的產生—至澱粉被分解成葡萄糖為止‥‥‥‥‥‥‥‥

麵團產生膨脹時，不可缺少因酵母的酒精發酵所產生的二氧化碳。酵母在進行酒精發酵時，需要大量的葡萄糖。一般的砂糖（蔗糖：二糖類）中含有葡萄糠和果糖，因此含砂糖配方的麵團，酵母可以簡單地由單糖類的葡萄糖或果糖分解，進行酒精發酵。

反之，像以法國麵包為代表的LEAN類（低糖油成份配方）麵包當中，沒有砂糖配方的麵包也很多。這個狀況下，酵母要如何才能獲得進行酒精發酵時不可或缺之葡萄糖呢？

澱粉本身是由成千上萬的葡萄糖所構成，因此利用適溫和添加的水分，經由存在於麵粉或酵母中的糖質分解酵素（註1）的作用，破壞澱粉中所含的直鏈澱粉和支鏈澱粉，分階段地分解成單糖類的葡萄糖。

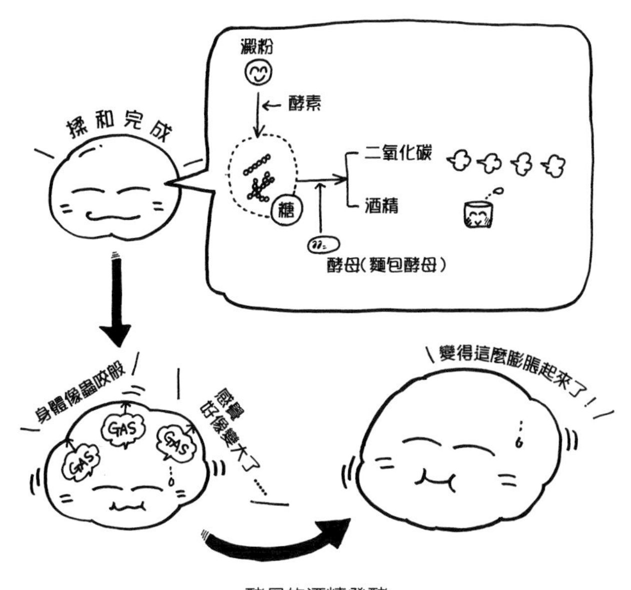

酵母的酒精發酵

這個過程簡單地以表格來標示時，依序是澱粉→糊精(註2)→寡糖(註3)→麥芽糖(註4)→葡萄糖(註5)，可以發現是將高分子分解成低分子。通常法國麵包等不含糖類配比的麵包，將澱粉分解成葡萄糖，約需30~40分鐘。其結果是充分得到作爲營養來源的葡萄糖，酵母促進了酒精發酵，同時也產生了大量的二氧化碳。

註1 所謂的酵素是所有的生物都擁有的一種蛋白質，能將各種化學反應或生化反應作爲觸媒(參與化學反應，但反應前後自體不會發生變化)地加以作用之分子。

註2 所謂的糊精是一種多糖類，一般而言是指結合了10~30左右的單糖類。

註3 所謂的寡糖，是較多糖體低的分子，是指結合了3~10左右的單糖類。

註4 麥芽糖是二糖類(指的是單糖類與單糖類相結合而成。1+1＝2)

註5 葡萄糖是單糖類(糖質的最小分子，其單位以1來表示)

■ 受損澱粉和活性澱粉

通常，用於麵團的麵粉，約是含70%的澱粉。澱粉可大致分爲受損澱粉和活性澱粉，受損澱粉約佔澱粉量的10%，其餘的是活性澱粉。所謂的受損澱粉，是在粉類製作階段中因滾輪或其他熱摩擦而受到損害，造成澱粉顆粒不完整。再加上加水揉和、加熱與酵素分解，變得易於溶化在水分之中。實際上，麵團中受損的澱粉在麵團中央溫度達40~50℃時，就會被澱粉酶的澱粉分解酵素，從高分子澱粉分解成低分子的二糖類麥芽糖，及單糖類的葡萄糖。這個將其轉化成糖的現象就稱爲糖化，生成的糖類就稱爲「轉化糖」。轉化糖具有很高的吸濕性，很容易成爲糖漿狀，所以也因而提高麵團的黏性和流動性。

澱粉的分解

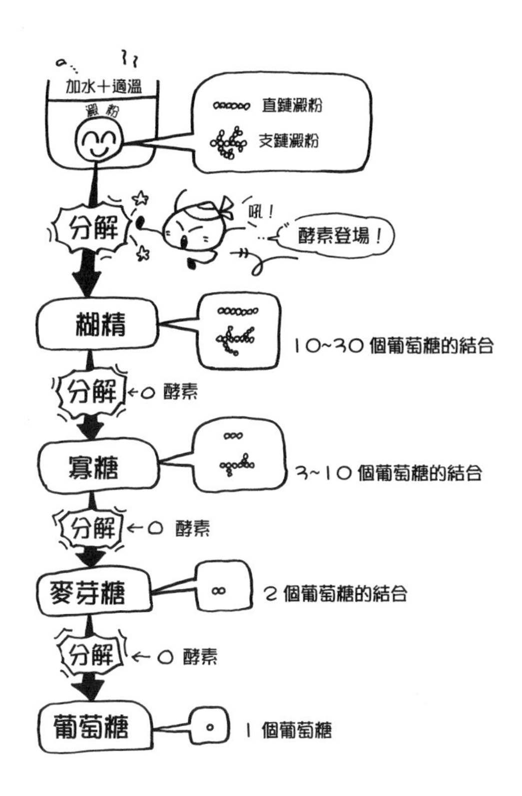

受損澱粉與活性澱粉

另一方面，健全的活性澱粉在常溫(25℃)下可以保持澱粉的球狀顆粒，具有不易崩壞之特性。活性澱粉隨著加入的水分與加熱的作業進行，就會依階段地從膨脹潤澤→糊化→固化地變化其外形。

■ 直鏈澱粉和支鏈澱粉

穀物的澱粉是由直鏈澱粉與支鏈澱粉所構成。依穀物種類不同其結構比例也會因而不同。例如粳米的澱粉是15~20%的直鏈澱粉和80~85%的支鏈澱粉；糯米澱粉是0直鏈澱粉和100%的支鏈澱粉；而小麥澱粉是25%的直鏈澱粉和75%的支鏈澱粉。

那麼，究竟直鏈澱粉和支鏈澱粉到底是什麼樣的物質呢？澱粉是由多數的葡萄糖結合而成的連鎖狀高分子，而結合成直線鎖鏈狀態的就稱為直鏈澱粉；呈樹枝狀結合的就稱為支鏈澱粉加以區別。這些雖然都是相同的葡萄糖分子之結合，但因結合的部分各不相同，所以因結合角度而產生的變化也各不相同。

一般來說，直鏈澱粉在糊化時黏性較弱，支鏈澱粉較強。知道這些澱粉的性質很重要，例如，比較煮飯時煮粳米和煮做麻糬的糯米，大概就能夠理解了。當然支鏈澱粉100%的糯米會比一般的米飯更多了強大的黏性。此外，泰國米當中的秈稻(Indica)就是含有25%以上的直鏈澱粉，所以同樣方法煮出來的米飯，會呈現粒粒分明的鬆散狀。

澱粉的構造

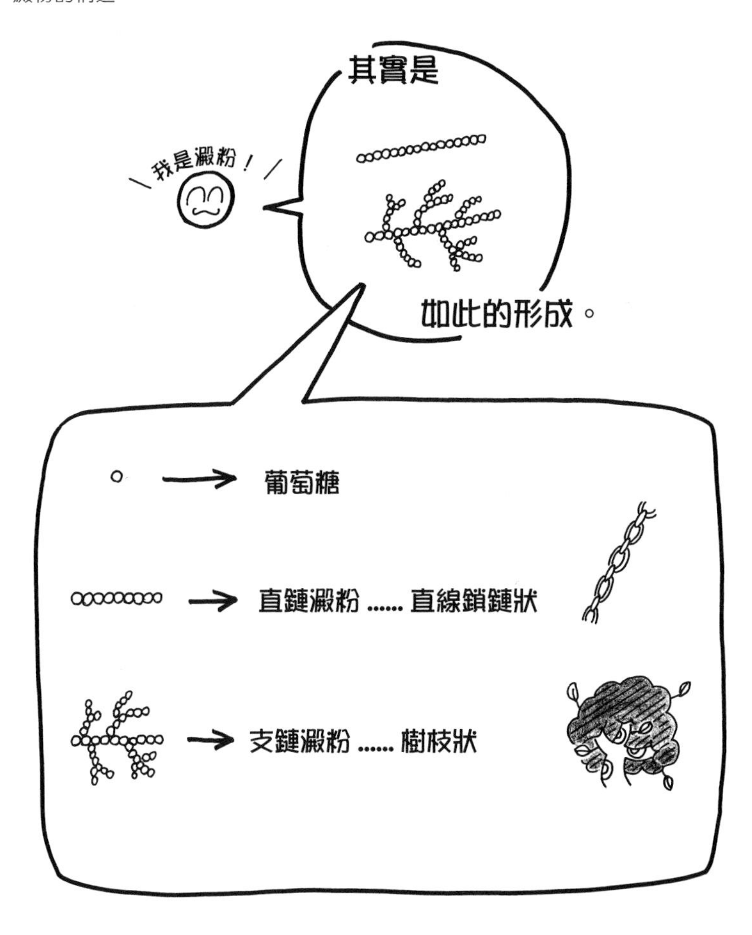

麵包柔軟內側(Crum)形成之前

切開烘烤完成的麵包，可以看到白色海綿狀(註1)的柔軟內側紮實飽滿。試著用手指按壓看看，會發現柔軟內側是潤澤且柔軟有彈性。這個麵包中央內側部分，就稱爲柔軟內側(Crum)。常可以看到麵包專業師父烘烤出的麵包具金黃烤色、芳香四溢，用敲扣底部來表現出「完全受熱」、「受熱直達中芯(註2)」，這是表示直至麵包中央部分都確實地加熱，並且中央部分是呈現潤澤美味地完成烘烤。

完成最後發酵時，麵團的溫度通常是30~35℃，但放入烤箱開始加熱時，麵團內部也隨之開始產生變化。有放射熱、對流熱及傳導熱，三項熱源的作用來加熱麵團，而將熱傳導至麵團中央的，是由底部傳入的傳導熱。這是因爲麵團的底部直接接觸烤盤或烤窯底部。藉由這樣的傳導熱使麵團中央的溫度升高至50~60℃，麵團帶著流動性地開始產生膨脹。這是澱粉的膨脹潤澤和糊化，使得蛋白質隨之軟化，同時麵團中的水分因水蒸氣化，和被保留在麵團內的二氧化碳開始膨脹。溫度升高至70℃左右時，蛋白質開始凝固，超過80℃時澱粉開始固化。終於麵團中央部分的溫度到達97~98℃附近時，麵團中多餘的水分蒸發之後，形成潤澤的海綿狀柔軟內側。當然因麵包的形狀及麵團的重量也會有所變化，但實際上由這個溫度帶，決定烘烤至幾分也決定了麵包柔軟內側的受熱程度。此外，烘烤作業的後半，則是放射熱與對流熱，加熱麵團上部及側面，輔助柔軟內側的加熱使其均勻完成。

Column

高分子與低分子

所謂的分子，一言以蔽之就是2個以上的原子所構成之物質。無論是氣體、液體，還是固體，所有的化合物都是以分子構成。所謂的高分子，指的是原子總質量較高者，所謂的低分子就是總質量較低者。原子是非常小的物質，因此實際上很難加以定量。因此所有的原子都有其相對之質量一稱為原子量，以方便計算。在此以糖質為例，如以下內容地來推演看看。

首先，所謂的糖質，僅是以碳原子(C)、氫原子(H)、氧原子(O)所構成之化合物，最大化合物為澱粉，最小的就是單糖類的葡萄糖。葡萄糖的化學式或是分子式，被標記為 $C_6H_{10}O_6$，由6個碳原子、12個氫原子、6個氧原子所組成的分子。並且其原子量各別是碳12、氫1、氧16。葡萄糖分子量是(C：12×6) ＋ (H：1×12) ＋ (O：16×6)＝180。

另一方面澱粉的分子式是標記為$(C_6H_{10}O_5)_n$ (n ＝數千至數萬)。這個意味著大小各式各樣的澱粉，是由數千以至於數萬個葡萄糖結合而成。假設5千個葡萄糖結合成的澱粉之分子量約為8萬左右，那麼5萬個葡萄糖結合而成的澱粉約是80萬。分子量從180萬以至於80萬，其大小比較之下一目瞭然。因此，會區分成澱粉是高分子，而葡萄糖(單糖類)、麥芽糖(二糖類)是低分子。

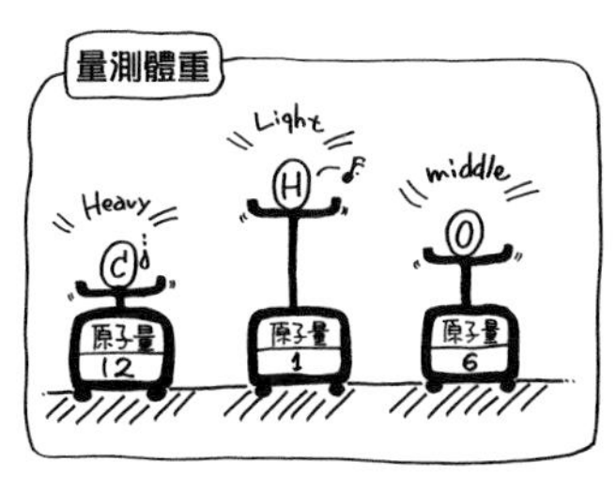

碳、氫、氧之原子量(體重差)

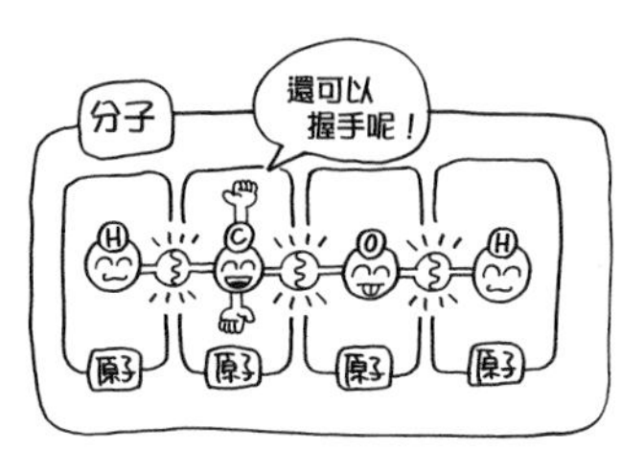

碳原子(手的數量：4)氫(1)氧(2)相握手(結合)之形態

註1　海綿在英文就是 Sponge，用以形容柔軟內側如海綿狀態般。具體地可以用家中使用的廚房海綿來加以想像。

註2　所謂的受熱直達中芯，是指麵團中央的溫度。

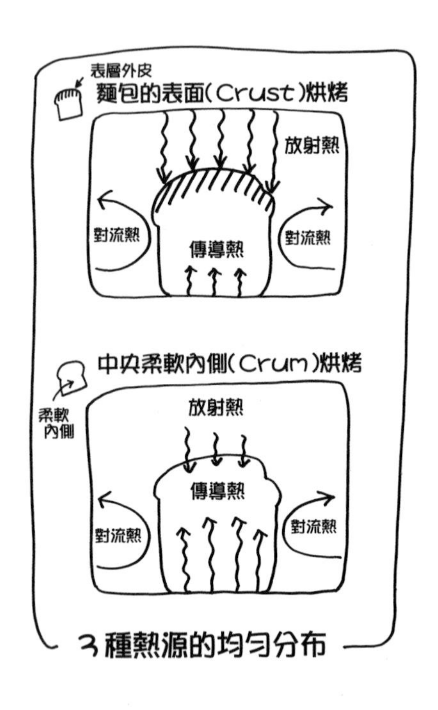

各溫度帶的麵團內部狀態

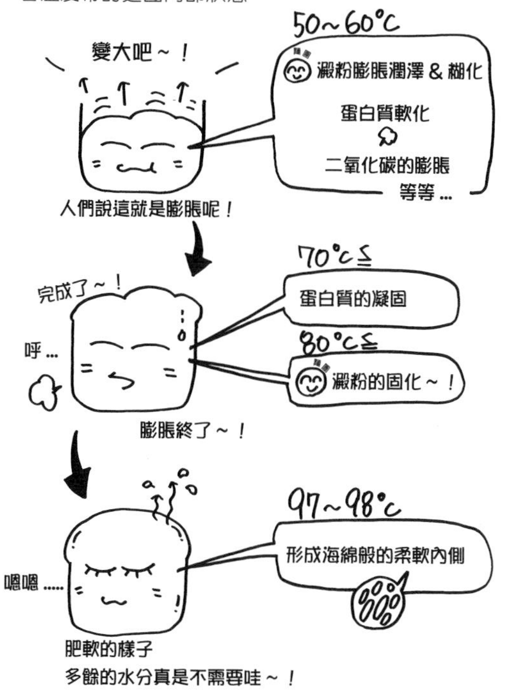

烘烤完成麵包的柔軟內側

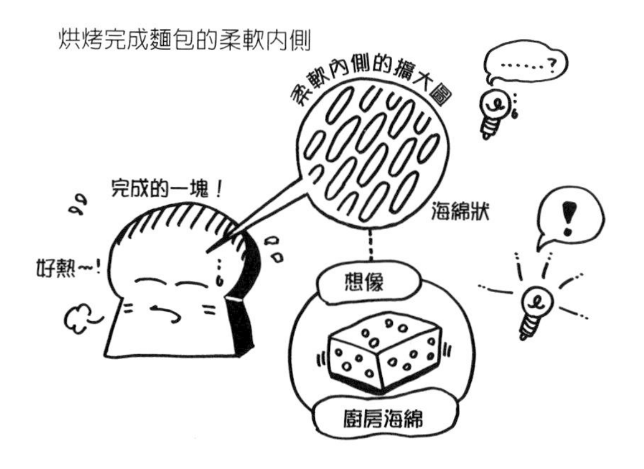

■ 澱粉膨脹潤澤與糊化

通常麵粉中含有活化澱粉，藉著加水和加熱，會使其因階段而產生膨脹潤澤→糊化→固化等形狀的變化。

活化澱粉在常溫(25℃)時會保持其球狀，且不容易崩壞的特性。在活化澱粉中添加了糊化時必要的水量(註1)，徐緩加熱後，首先到了55~65℃，活化澱粉吸收水分而開始變得膨脹潤澤。這個階段澱粉顆粒的外膜呈膨脹狀態，澱粉顆粒完全吸收了水分，因此整顆粒子都呈現肥軟的球狀。

超過70℃之後，澱粉顆粒的外膜破裂，充滿顆粒間的直鏈澱粉和支鏈澱粉都流出來了，所以全體呈現高黏度的膠化(註2)。這樣的狀態也稱為澱粉的糊化(α 化)，是澱粉的一大特性。超過80℃時，糊化的澱粉中所含的水分開始氣化變成水蒸氣，所以澱粉也開始漸漸固化。最後溫度升高至97~98℃時，多餘的水分幾乎都蒸發了，澱粉顆粒也完全固化了。在麵包烘烤的過程中，也同樣會有這些反應和狀況，這就是麵團中，活化澱粉成為麵包大部分柔軟內側主角的理由。

註1　活性澱粉糊化時最低必要水量約是澱粉用量的30%，最大澱粉用量約800%，都可以被水分所吸收。

註2　所謂的膠化就是帶著黏性的果凍狀。

因加熱產生澱粉結構的改變

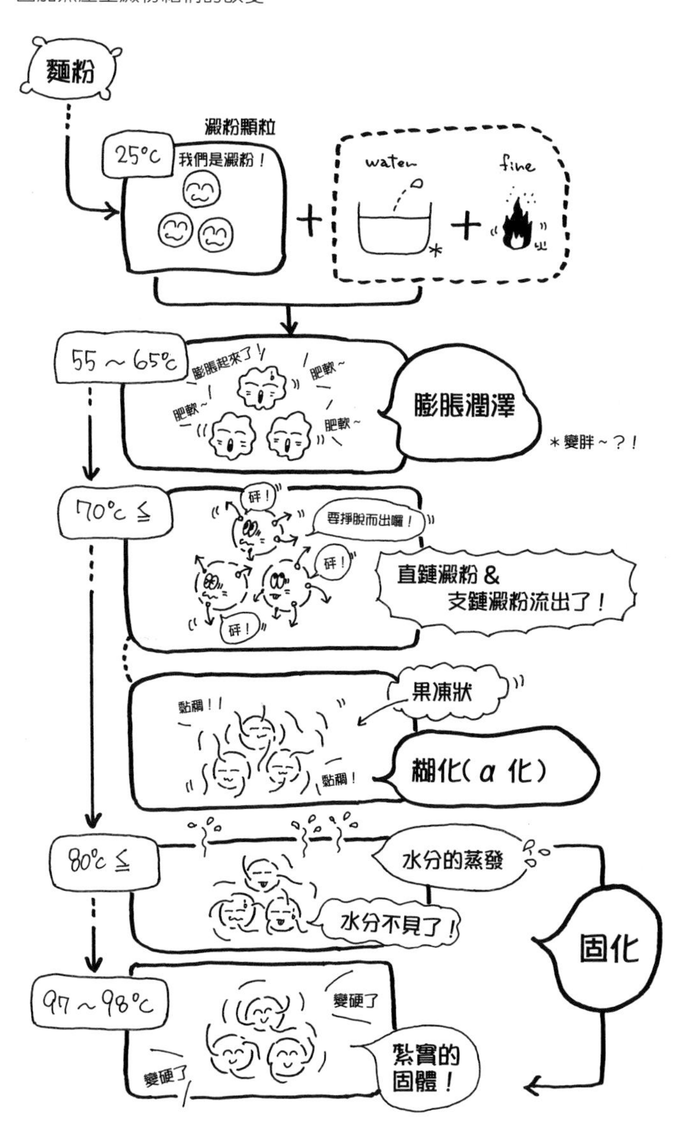

◎ 麵包的烘烤色澤(Crust Color)是從何而來呢？

完成烘烤的基本，就是將麵團的表層(Crust)和內側(Crum)的加熱分開來思考。電烤箱與瓦斯烤箱有多少差異呢？熱源種類有由上部散發的放射熱、循環型的對流熱以及由底部散發出的傳導熱三大類。以此為基礎地來談談表層外皮的呈色吧。

完成最後發酵的麵團，在放入烤箱的瞬間就開始了烘烤。烘烤分為初期、中期及後期三階段，每個階段麵包的表層外皮都有顯著的變化。

首先，初期是由底部散發的傳導熱效果為主，隨著麵團向上膨脹的同時，成為麵包最外面的表皮(skin)也薄薄地延展開了。在這個階段因加熱而使得麵團中的水分(自由水)氣化變成水蒸氣，因此表皮是被水蒸氣薄膜覆蓋著的狀態，麵團表面柔軟尚未呈色。至中期時，主要的熱源是來自上方的放射熱效果，麵團表層乾燥，表層外皮確實形成了。

藉著持續加熱使表層外皮的表面溫度升高，使表層外皮呈現直接烘烤的狀態。中期後半以至於後期的前半，表層外皮的表面溫度為140~150℃，表層外皮含有胺基酸化合物(註1)與羰基化合物(註2)之化學反應，生成了稱為類黑精(melanoidin)的黃褐色色素。這就稱為梅納反應(胺羰反應 amino-carbonyl reaction)，麵包的表層外皮會呈現出略黃的顏色。

烘烤前期：尚未有烤焙色澤

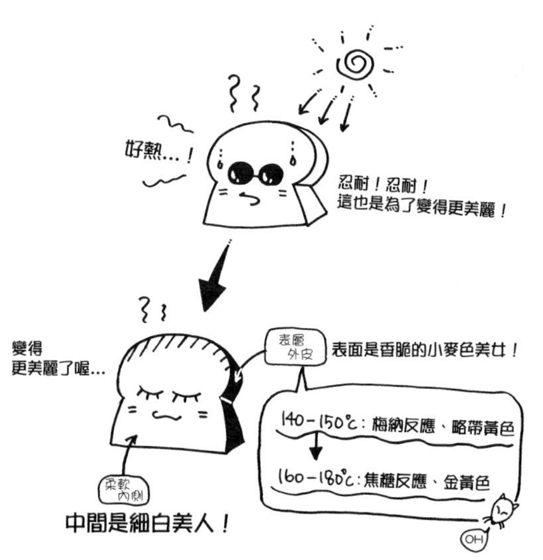

烘烤後期：烘烤出烤焙色澤。

隨著不斷持續地加熱，表層外皮的溫度達到160~180℃，表層外皮所含的糖質產生了焦糖化反應(碳化)(註3)，使得表層外皮的糖色更焦黃地呈現出金黃色澤。此外，烘烤的後期，因烤箱內所產生的對流熱，使得麵包全體均勻受熱，讓全體表層都均勻地呈現烘烤色澤。

註1 所謂的胺基酸化合物是指胺基酸、蛋白質等擁有胺基 $-NH^2$ 之物質。

註2 所謂羰基化合物，是指與葡萄糖、果糖等還原糖，擁有還元基 -OH 之物質。

註3 所謂糖質的焦糖化反應，是隨著各階段加熱糖質時，糖質中所含的水分蒸發後，形成無色透明的糖漿狀，再成爲黃色、茶色至墨黑色的變化。

MEM ◉ 因梅納反應使得烘烤色澤呈麩的顏色

所謂的麩是麵粉中加了鹽揉和而成，澱粉幾經揉洗抽出麵筋後，蒸烤而成的食品。經常用在味噌湯或壽喜燒等料理中，烤麩的烘烤色澤幾乎就是烘烤時所產生的梅納反應。

何謂麵包的香氣？

烘烤麵包時或烘烤完成的麵包香氣，眞是充滿無可形容的魅力。這樣的豐郁芳香且閃躍著金黃色澤的麵包，眞引人食指大動。那麼就讓我們來探究看看，這樣的麵包香氣爲什麼會受到大家的喜愛，並且又是從何而來的呢？

麵包在結構上，是由表層外皮和柔軟內側所共同形成。也就是烘烤得黃金香脆的麵包表層外皮(Crust)，和中間柔軟白色海綿狀的部分(Crum)。這些都各有其不同的香氣，雖然剛完成烘烤時都各有其淡淡的香味，但經過一段時間後，就會結合兩者成爲麵包整體的風味了。

表層外皮的香氣大致上可以分爲2種香味。一是存在於表層部分的糖質焦糖化(碳化)所產生的香氣。糖質的碳化過程中，例如砂糖加熱時，

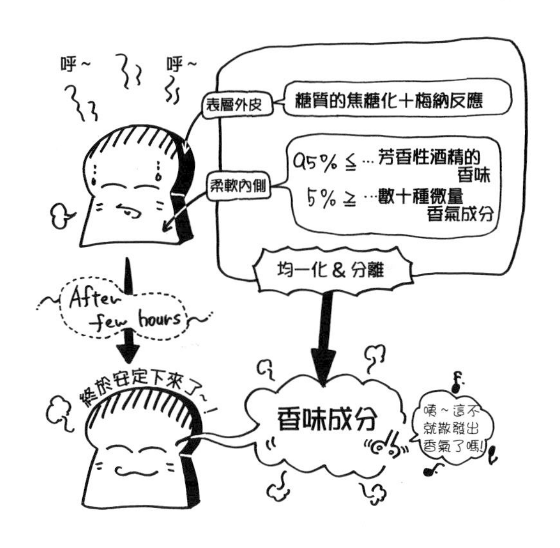

表層外皮和柔軟內側的各別香氣來源，
和麵包全體的香味

會先因砂糖內所含水分溶出而成透明的糖漿狀。持續加熱後，開始變成淡淡的糖色(糖的溫度爲160℃)，再變化爲濃重的糖色(糖的溫度爲180℃)。布丁的焦糖就是在這個範圍內加以調整，到了這個階段時糖質的甜味幾乎已經消失，僅留下強烈的焦味。

在烘烤麵包時，要避免使表層外皮的溫度超過180℃地調整並進行烘烤，才能恰到好處地烘烤至其焦糖化的程度，這就是對人類而言的芳香氣味。

另一個是因梅納反應(胺羰反應)而產生的香氣。這是利用存在於麵團中的胺基酸化合物與葡萄糖、果糖等的羰基化合物，因加熱而相互反應，最後生成物質的香氣。簡單來說，就是蛋白質和糖質加熱後產生的特有香味。在烘烤麵包時，可以感覺香甜氣味的表層外皮，就是因這樣的化學反應而生成。另一方面，柔軟內側的部分香味，種類更多也更複雜，所以將其主要的香味成分標記如下並分類。

❶ 因各種原料之化學反應或熱凝固產生的香氣成分
  1 因小麥澱粉的糊化而產生的香氣
  2 因小麥蛋白質的熱凝固而產生的香氣
  3 因副材料(糖質、油脂、乳製品、雞蛋等)的熱凝固而產生的香氣

❷ 因酵母的酒精發酵，所釋放出的芳香性酒精之香氣

❸ 因乳酸菌、醋酸菌等細菌群，所釋出的有機酸(乳酸、醋酸、檸檬酸等)之香氣

麵包柔軟內側的部分香味來源，芳香性酒精約佔全體的95% 以上，其餘的是數十種極微量的香味成分所構成。在切開充分烘烤的麵包當下，有時會感到有刺激性氣味散發出來，這就是芳香性酒精的香氣。芳香性酒精在經過一段時間後，大部分會氣化，因此無法大量留在麵包之中。另外，表層外皮的香氣，通常經過幾小時後，和柔軟內側的香氣兩種會均勻地混合爲一，飄散在全體麵包上。

何謂麵包的硬化？

所謂麵包的硬化，就如字面意義「麵包變硬」。一般而言，剛烘烤完成的麵包柔軟且膨鬆，但經過一段時日後，麵包就會變得乾硬。

這樣的現象稱爲「麵包的硬化」，成爲麵包的劣質化、與食用期限的一項判定標準。這是因爲麵包內所含的水分蒸發，使得麵包全體變得乾燥而縮短了麵包的壽命。雖然這也適用於所有的食品，但單純地是指食品中所含的水分適性值降低，使得食品硬化成爲難以食用的狀態。順道一提，若麵包本身含有較多油脂成分或蛋黃，因乳化狀態較佳，可以延緩硬化。這是由於麵包的柔軟內側部分，均勻地被油膜所包覆，因此延遲了水分的蒸發。硬化的另一個理由，就是柔軟內側當中的澱粉老化（β 化）。隨著澱粉的老化，口感上也會感覺乾燥粗糙。

澱粉的糊化（α 化）與老化（β 化）

澱粉是由直鏈澱粉和支鏈澱粉結合形成的高分子，天然的活性澱粉當中，這些結晶體是以連鎖狀態等距間隔地確實排列著。但隨著澱粉顆粒的加水、加熱造成膨脹潤澤，進而轉爲糊化。糊化的澱粉因顆粒破損，而釋出其中的直鏈澱粉和支鏈澱粉，隨之原本規律地排列著的直鏈澱粉（直線鎖鏈狀）和支鏈澱粉（樹枝狀）之間飽含了水分，鬆弛了原本的結晶體構造。這樣的狀態就稱爲澱粉的糊化（α 化），變得鬆弛的結晶體成爲膠狀。

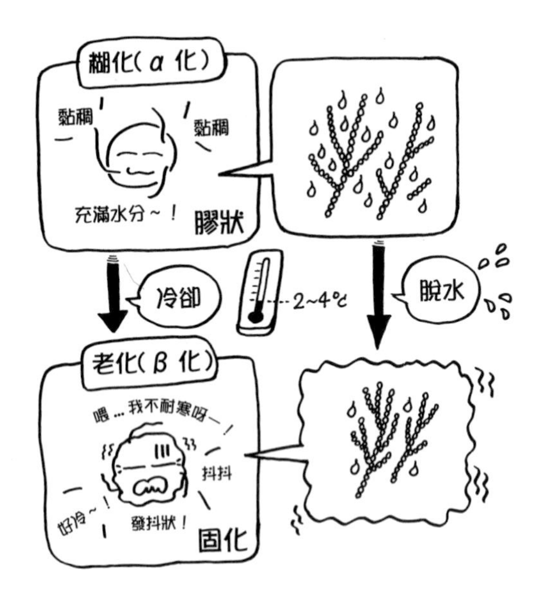

澱粉的糊化與老化

接著，一度糊化的澱粉冷卻後，鬆弛的結晶體結構雖然不甚完整，但也試圖回復原來的狀態。這個現象稱之爲澱粉的老化（β 化），結晶體結構將水分釋出，因此產生固化。烘烤完成的麵包，也會有相同的結構反應，所以剛烘烤完成時是潤澤且柔軟的狀態，但隨著放置一段時日後，會冷卻變得乾燥，這就是麵包中所含的澱粉老化所致。此一結果會讓麵包變乾、口感也呈現粗糙乾澀。

何謂麵團的膨脹？

揉和完成的麵團，藉由發酵、烘烤，使最後完成的麵包膨脹（體積）成爲原麵團數倍之大。麵包有硬麵包、軟麵包、大型麵包、小型麵包，但是只有最適合該款麵包的膨脹才會讓人感覺美味。

製作方法或配比不同時，麵包的呈現狀態也會因而不同。若說這個狀態最重要的原因就是在於膨脹（體積）也不爲過吧。因爲麵包的膨脹體積，對於麵包食用時的口感（咬勁、口感及嚼感）有著極大的影響。特別是與麵包柔軟內側有密切的關係。簡單來說，密度越高時，中央內部越密實，密度越低，中間就越鬆散。這就會影響到食用麵包時的口感。

那麼所謂適合麵包的膨脹體積，要如何才能判定呢？這個部分很可惜的是必須靠著經驗法則，只能依賴自己的感官來加以判斷。此外，麵包的風味及口感評斷各有不同，每個人的評價都不一樣。因此只能依賴製作者，努力地製作出自己覺得最美味的膨脹體積的麵包。雖然可以將計算麵團與麵包體積關係的定數化算式給大家作爲參考，但無論如何，烘烤出的麵包都必須有其作爲麵包的體積需求，現實中很難兼顧實踐。

■ 模型麵團比容積(specific volume)

用模型烘烤麵包的配方中，經常標示著所謂模型麵團比容積，是指在模型中要放入多少程度的麵團烘烤，才會得到最適當的膨脹體積之標示指數。是由使用模型的容積除以放入模型的麵團重量所求得。

模型麵團比容積(ml/g)＝模型容積(ml) ÷ 麵團重量(g)

這個算式的意思是，1g的麵團作爲麵包適當膨脹體積時的麵團膨脹率。

正確地計算模型的容積，將模型裝滿水，再用刻度量筒或量秤來量測，是最簡單的方法(使用量秤，以1g＝1ml來換算)。如果模型是會漏水的種類，可以用膠帶貼合於外側再測量。這個模型麵團的比容積，較麵包比容積更簡略單純，因此兩者不能混爲一談。

■ 麵包的比容積

所謂的麵包比容積，是指一定重量的麵團在最終製成時，會膨脹至何種程度之標示指數，可以利用製品體積除以原麵團重量來求得。

麵包的比容積(ml/g)＝麵包體積(ml) ÷ 麵團重量(g)

這個算式的意思，是顯示出1g麵團會變成多少ml。比容積數值越大，表示麵團的膨脹率越高，就是具膨脹體積的麵包。這個數據可以做爲麵團必須膨脹至何種程度才能烘烤出美味麵包的參考。

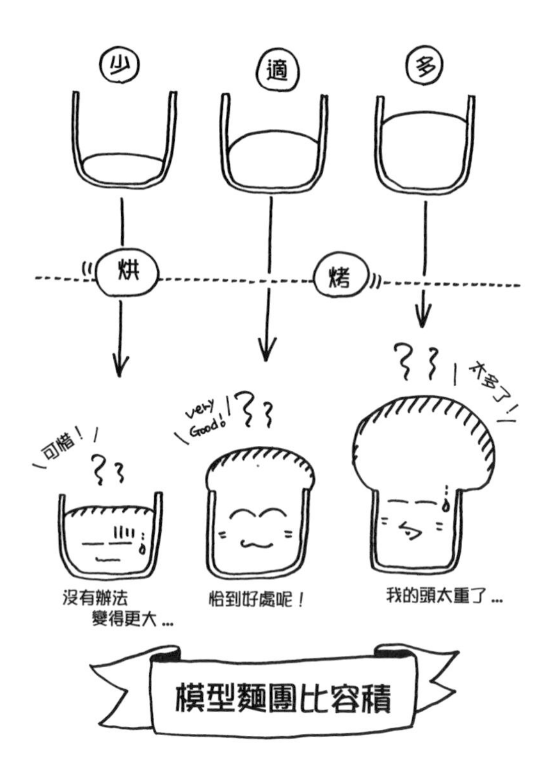

在麵包模型中放入大量、適量、少量麵團時，
烘烤完成的麵包比較圖

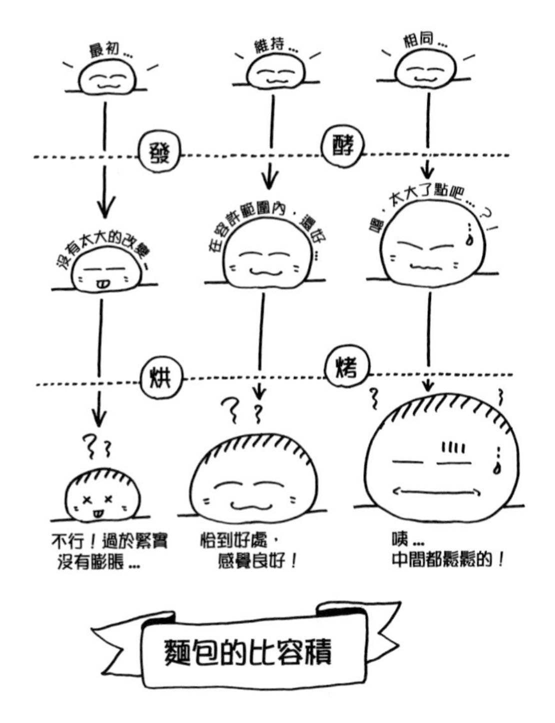

麵團的膨脹小、適中、大，分別完成烘烤的麵包比較圖

何謂麵團的氧化？

經常可以聽到麵團氧化的說法，但這到底說的是哪一種狀態呢？麵團發酵時，產生氧化的麵團狀態，是彈力(緊縮)過強，伴隨著麵團表面容易變得乾燥。

■ 麵團的氧化（緊縮）與還原（鬆弛）

所謂麵團的氧化，若是以建築物爲例來說明時，就是像柱子與柱子之間的橫樑，使單一不安定的柱子，呈現安定並使其強化的作用。再更加詳細地說明，就是麵團中有無數的澱粉，而澱粉是以稱爲直鏈澱粉和支鏈澱粉之蛋白質所組成，因此當然會有構成蛋白質的胺基酸排列。其中等距間隔地存在著的半胱氨酸，末端的硫磺原子形成含有SH基的含硫胺基酸。一個麵筋當中排列著數個半胱氨酸，與另一方麵筋當中排列著半胱氨酸，產生SH基反應，形成S-S結合成爲胱氨酸。也就是說，胱氨酸成爲麵筋與麵筋間的橋樑，藉以強化麵筋組織，結果就是使得麵團更具彈力。

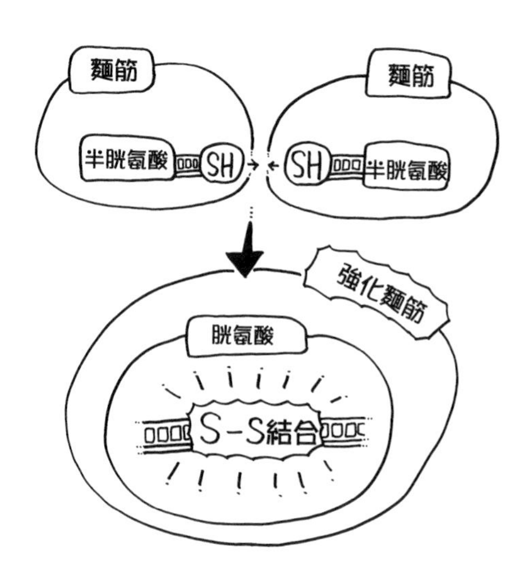

麵筋的強化

何謂麵團的乳化？

麵團的乳化非常難以理解，即使是專家也有很多部分感到困難。在此針對乳化的效果及成爲其背景的理論，概括地加以說明。

麵粉當中多少含有磷脂質或其他含有乳化作用物質(乳化劑)的材料，與存在於麵團中的各種物質產生反應。因而產生了以下的效果。❶使麵團中的油水分子均勻擴散，改善提升麵包的口感。❷因脂質和乳化劑對麵團內的麵筋產生作用，大幅提升麵團的延展性。因而改善麵團的膨脹及

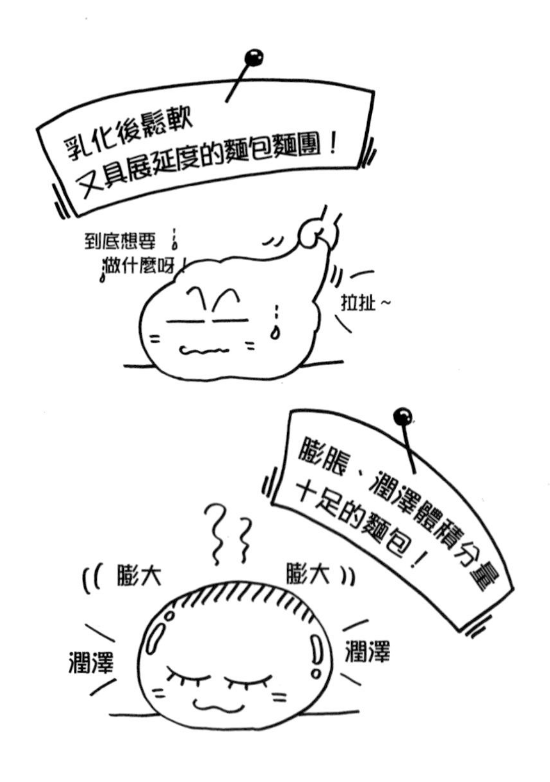

乳化後麵包麵團的烘烤成品

Column 何謂乳化劑

關於麵團的乳化，會在其他地方另行簡單的說明，在此想要說的是一般所稱的乳化劑究竟是什麼？又具有何種作用呢？

乳化劑，又稱為界面活性劑的藥劑總稱，但特別是用於食品時，會以乳化劑來標示。另一方面，食品以外，像是洗髮精等化妝品或清潔劑當中，則多半標示為界面活性劑。

被添加於食品內的乳化劑當中，存在著由脂肪酸甘油酯(Glycerin-fatty acid ester)為代表的合成添加物，和以大豆或蛋黃中萃取的卵磷脂為代表的天然添加物。此外，乳化劑多方面廣泛地被添加在各式各樣的食品當中，因此將乳化劑的主要作用記述如下。

❶ 乳化與分散作用

油與水具有難以混合之特性，但乳化劑具有使水中的油分子分散(水中油滴型)，相反地也能使油脂中的水分子分散的作用(油中水滴型)。一般而言，這樣的現象就稱為乳化，乳化狀態的液體就稱之為乳狀液(Emulsion)。最具代表性的食品就是奶油球(水中油滴型)和乳瑪琳(油中水滴型)。

❷ 氣泡作用

在液體與空氣界面(邊界)形成其作用，藉由空氣膜的保護以提高氣泡的安定性。代表性的食品有冰淇淋和打發鮮奶油。

❸ 其他

具有濕潤、潤澤、柔軟等附加作用，用於麵包的乳化劑，以此為主要目的居多。

烘烤時的烘焙延展，讓麵包體積膨脹。 ❸與烘烤產生澱粉糊化時流出的直鏈澱粉產生反應，延緩防止部分膠化，可以延緩澱粉的老化，提升烘烤完成時麵包的柔軟度，同時延遲麵包的硬化。

依麵包的種類加以整理，以法國麵包爲代表的LEAN類(低糖油成份配方）& 硬質麵包，因配方中沒有使用副材料(糖類、油脂、雞蛋等)，所以幾乎沒有乳化。也就是小麥中僅存在著極微量具有乳化作用的磷脂質。反之，糕點麵包爲代表的RICH類(高糖油成份配方）& 軟質麵包，因配方中含有大量的副材料，因此麵團會產生乳化作用。特別是含有蛋黃的卵磷脂可以作爲乳化劑，促進麵團內的乳化作用，因此麵團會變軟，烘烤後的麵包也會變得更爲柔軟。

◎ 麵包中所含的水分

食品當中，除了乾貨之外，或多或少都含有水分。所謂的水分含量是指麵包或食品中所含的水分量(包含自由水與結合水的全部水量)，是以食品100g時相對所含的百分比來標示。順道一提的是，一般吐司麵包水分含量爲38%左右，可以算是含水量不少的食品。

■ 自由水和結合水

麵包或食品當中的水，可以大致分爲「自由水」和「結合水」。自由水是水分子可以自由地流動，可以凍結或被氣化(蒸發)的水。另一方面，結合水是與其他有機物質結合的水，所以不太容易被凍結或氣化。食品當中雖然含有某個程度的自由水，但與微生物的繁殖有關。自由水的比例越高，微生物越容易繁殖，反之結合水越多，微生物就越不容易繁殖。

■ 水分活性

所謂的水分活性，是標示存在於麵包或食品當中，自由水的比例指數，主要作爲有無微生物繁殖的判斷標準。自由水越多微生物也越多，其繁殖率也會提高。純水的水分活性(AW = Water Activity)1.0時，就是100% 的自由水。水分活性値越低，自由水的比率越低，結合水就越多。食品中 AW = 0.9以上時，就容易繁殖出造成食物中毒的菌種，AW = 0.8以上，會殖繁出對耐乾耐熱性強的細菌。反之，AW = 0.5以下時，沒有能夠繁殖的微生物。順道一提，一般吐司麵包的 AW = 0.95以上，是幾乎所有的微生物都能繁殖的條件。

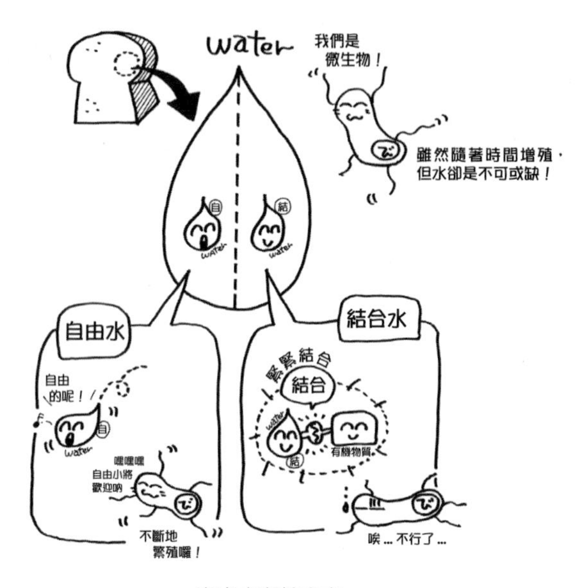

自由水與結合水

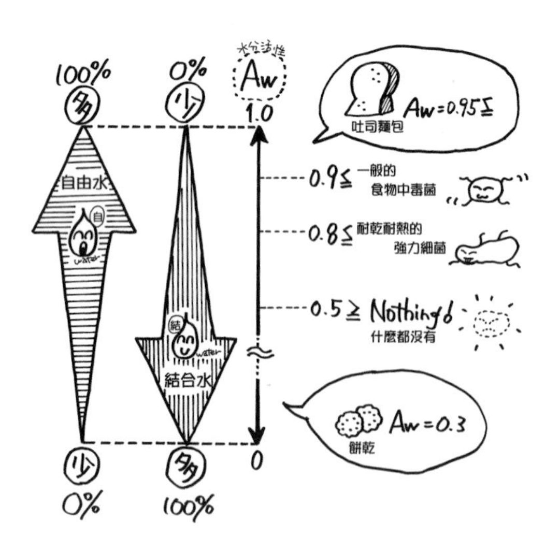

食品中的 AW 高低與微生物的繁殖

■ 硬水與軟水：水的硬度 ································

所謂水的硬度，簡而言之，就是水中含有的微量氯化鈣和氯化鎂的合計濃度，以 mg/l 或 ppm（註1）來表示的數據。因此定義出含礦物質成分越多的水就越硬＝硬水，而含量較少的柔軟水＝軟水。水的硬度會對人體甚至是食品或食物等造成很大的影響。與水的 pH 值相同，關於硬度，您知道現在自己喝的是什麼樣的水嗎？用於烹飪或麵包製作時要用哪一種呢？這些都能略加瞭解比較好。日本的水大部分是軟水，而歐洲各國大部分是硬水。以下根據世界衛生組織（WHO）對世界水質所做的簡易標示，給大家參考。

- 純水　0mg/l
- 軟水　0mg/l 以上～未及 60mg/l
- 微硬水　60mg/l 以上～未及 120mg/l
- 硬水　120mg/l 以上～未及 180mg/l
- 超硬水　180mg/l 以上

註1　所謂 ppm（parts per million），是指百萬分比的意思，與 %（Percent）同樣是以比例來標示。

$1\% = 10^{-2} = 1/10^{2} = 1/100$

$1ppm = 10^{-6} = 1/10^{6} = 1/1,000,000$

指數是標示出相同數字重覆乘算的次數，所以會標示在數字的右上方。

爲方便多位數字的標示，可以省去轉寫時的手誤。

■ 酸性水和鹼性水（pH：氫離子濃度值數）……………………

水或溶液，以 pH 記號來標示，是爲了區別其酸鹼性。pH 是單純用於標示溶液中氫離子的濃度。也可以說是相對於 1L（公升）中，有多少氫離子溶於其中的標示。通常會以 0~14 的數字來標示，pH7 代表中性，以下則爲酸性，以上則爲鹼性。此外，越是小於 pH7 的數字，表示氫離子的濃度越越高，越屬於強酸性。反之，越是大於 pH7，氫氧根離子濃度越高就越屬強鹼性。

此外，用於水的標示時，習慣上以 pH7 爲中性稱爲純水，pH7 以下的稱爲酸性水，pH7 以上的稱爲鹼性水。附帶說明，一般在日本國內的自來水是 pH6.7~6.8 左右的弱酸性水。以吐司麵包爲例，以下所示是被定位屬於弱酸性的食品。

- 揉和完成時的麵團：pH6.3~6.4
- 發酵中的麵團（2~3 小時）：pH5.7~5.8
- 烘烤完成的麵包：pH5.5~5.6

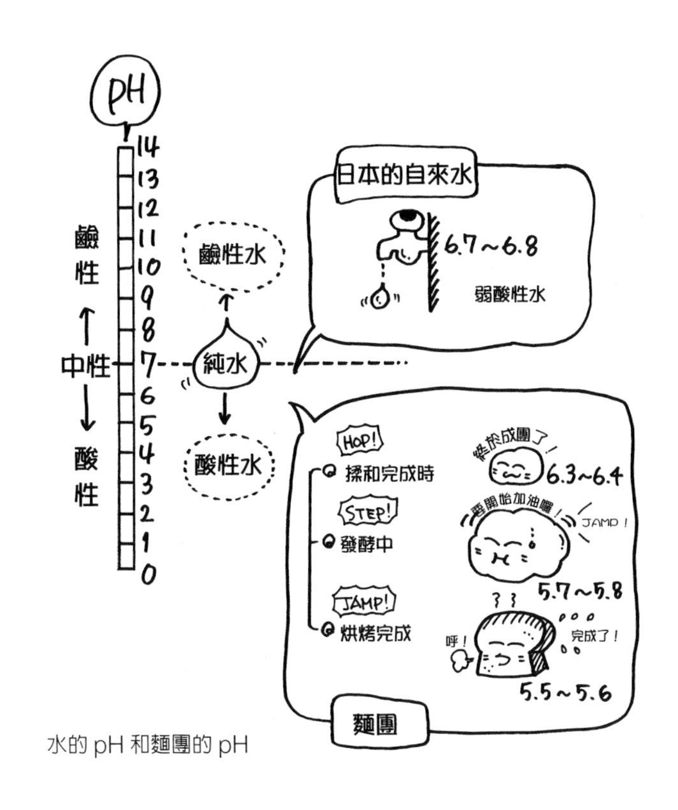
pH
14
13
12
11
10
9
8
7
6
5
4
3
2
1
0
鹼性
中性
酸性
鹼性水
純水
酸性水
日本的自來水
6.7~6.8
弱酸性水
HOP!
揉和完成時
STEP!
發酵中
JAMP!
烘烤完成
終於成團了！
6.3~6.4
要開始加油囉！
JAMP！
5.7~5.8
呼！
完成了！
5.5~5.6
麵團

水的 pH 和麵團的 pH

◎ 麵包的營養

常可在街頭巷尾聽到，到底麵包和米飯哪個比較有助節食？哪個才是營養食品？等等議論紛紛，基本上像麵包般(小麥製成的)粉類二次加工，與米飯直接食用米粒製成的二次加工，一起相提並論有點難以比較。假設單純以一般的吐司100g（4切片的1片或8切片的2片）與白飯100g（兒童用小碗1碗）來比較時，麵包的卡路里約爲270大卡，而米飯約爲160大卡。

就營養價值而言，麵包本身來看可以說是完成度較高的綜合食品，但加工方法完全不同，要兩相比較很困難。吐司麵包是麵粉加上糖類、油脂類、乳製品和雞蛋等副材料，還有水、酵母以及鹽等一起揉和的麵團，經由發酵烘烤而成的食品。另一方面，白米是由稻粒中去殼、去糠後精製而成的米粒，和水一起蒸煮而成的食品，僅用米粒和水組合而成。如果僅食用相同重量的白飯或吐司麵包，當然營養價值是吐司較高！節食應該食用白飯！這樣的說法其實是半開玩笑。無論是哪一種，在現代社會中，麵包含有三大營養素和礦物質、維生素等，也含有大量的食物纖維，無庸置疑是很重要的食品。以下是從2010年開始，日本食品標準成分表中記載，麵包與米飯的主要成分標示，讓讀者們也能比較檢討看看。

■ 麵包的卡路里：熱量

家庭中，應該有很多是以咖啡搭配1片吐司作為早餐的吧。或是如懷舊咖啡店所提供的早餐般，必定是咖啡、吐司和水煮蛋套餐。

那麼，一片吐司大約含有多少程度的卡路里和營養價值呢？依廠商製標準的6切片吐司麵包來看，65g/片大約是165大卡的熱量。再更現實地思考，就會發現很少人會僅僅單吃吐司，大部分的人會塗上帶著鹹味的奶油或乳瑪琳。假設1片吐司塗上5g乳瑪琳的話，約是35大卡的熱量，也

表：摘自日本食品標準成分表2010年（可食部分100g的含量）

	吐司麵包、市售品	白飯、精白米（水稻）
熱量（kCal）	264.0	168.0
水（g）	38.0	60.0
蛋白質	9.3	2.5
脂質	4.4	0.3
碳水化合物	46.7	37.1
鈣（mg）	29	3
鈉	500	1
鉀	97	29
鎂	20	7
磷	83	34
鐵	0.6	0.1
維生素 B1	0.07	0.02
維生素 B6	0.03	0.02
食物纖維（g）	2.3	0.3

就是1片吐司會攝取到200大卡的熱量。再加上含有少許砂糖或鮮奶油的咖啡，以1杯40大卡來計算，搭配上吐司就是240大卡了。雖然也會因年齡或性別而有不同，但成年人一日的平均攝取量是2000大卡左右，所以1杯咖啡加1片麵包就佔了一天攝取量的1/8。此外，飯店早餐中經常出現的歐姆蛋或煎蛋，搭配培根或火腿、沙拉或水果、優格或柳橙汁等，適度地加以組合，一餐的攝取量就超過了800大卡。雖然僅供參考，但某大型漢堡連鎖店的起司漢堡、M尺寸的薯條與可樂的套餐，已是850大卡左右，無論哪一種熱量的攝取都是過多。

麵包的安全性

現今，關於所有的食品衛生和安全，都受到消費者們的高度關切。各生產者或廠商也都致力於將商品資訊標示出來。根據食品衛生法，麵包廠商們也同樣地有義務必須將包裝販賣麵包的原料名稱、會造成過敏的物質、消費及食用期限等標示出來。但百貨公司地下街的麵包店，或地區性的麵包工房內，將棚架上的麵包自行取放在托盤上結帳的店家，仍在標示義務對象之外。這是因爲當消費者購買麵包時，若有任何疑慮，可以直接以口頭提出問題。因此這些食品衛生法的行政指導或稽查取締的監督單位，是由厚生勞動省或消費者廳來負責食品的安全保障。

現在主要食用的麵包，基本上大部分都是二次世界大戰結束後，由美國將原料的麵粉連同製作設備和製作方法，同時引進日本。美國指導的大量生產工廠，很早就已接受先進的衛生安全管理，使得日本的麵包工廠以至於各原料工廠，很早就接受了嚴謹的生產管理。

昭和25年(1950年)開始將麵包供給作爲學校營養午餐的契機，讓各麵包廠商從一般零售，隨即成長擴大業務。昭和28年(1953年)將強化麵粉(EnRICHed flour)(註1)導入所有學校營養午餐使用，並革新技術。進入昭和30年代，街頭巷尾以營養麵包爲主流，開始了化學添加。與「味精」相同，大家開始迷信又白又鬆軟的麵包是「營養又能變聰明」的神話(都市傳說？)。當時爲了使麵包的柔軟內側(麵包內部)能呈現雪白的狀態，因而開始將麵粉以過氧甲笨或二氧化氯來漂白，也會添加讓麵團更爲膨脹的溴酸鉀(註2)的氧化劑、甘油乳化劑等利用化學成分。當時爲了防止黴菌和稱爲枯草桿菌(註3)之細菌產生，還理所當然地添加了防黴劑和防腐劑。

進入昭和50年代後，隨著醫學及科學的進步，在引發癌症之物質問題及健康話題的影響下，麵包市場開始重新審視長久以來所使用的食品添加劑。以筆者本身的經驗來看，昭和51~52年左右，麵包業界將漂白麵粉換成無漂白麵粉、溴酸鉀改用維生素C（抗壞血酸）、甘油換成脂肪酸甘油酯，也不再使用防黴劑或防腐劑，以各廠商爲首地自主規範，改用安全性高的食品添加劑，這個階段性的變遷都還記憶猶新。

進入平成(1989年)之後，更加速了飲食的健全化，從食品添加劑開始更改成能夠提升品質，或增加保存期限的改良劑，使用更溫和的添加物。這些不再只標示成食品添加劑，而是直接標示出該物質的名稱。此外，最近大家很關切的基因改良食品，在麵包業界並沒有使用這類產品作爲原料。

事實上，現今市面上流通的麵包，雖然仍有多數含有食品添加劑，但「添加」、「無添加」還有其檢討的空間，可以說就現階段而言，麵包已經是極爲安全的食品了。

註1 小麥在製成粉類的階段產生的摩擦熱及因漂白劑(過氧甲笨或二氧化氯)破壞的部分，以維生素及礦物質來補足，所以粉類製成後會添加礦物質及維生素B群，指的就是這樣製成的麵粉。在食品原料不足的年代，英美兩國爲補足營養成分所研發出的麵粉。

註2 溴酸鉀在麵團中引發氧化作用，利用其遲效性使麵團發酵由初期開始，至後期烘烤階段都能持續反應。藉由這樣的反應，使麵團在烤箱內仍能不斷地延展，增加麵包的膨脹體積。只能使用於麵包之中，不能添加於其他加工食品中。使用基準法中有規定「相對於粉類的用量在30ppm以下，並且在最終製品內不得殘留溴酸鉀」(食品衛生法)。即使是現在，仍有部分麵包使用。

註3 是枯草菌的一種。在這菌種出現後的2~3天內，麵包的柔軟內側就會像納豆般產生黏稠細絲。

正月元旦。陰寒之日。

九點左右睜眼後，在床上輕啜巧克力，

搭配一個可頌（新月型麵包），

閱讀昨夜未竟之疑雨集。

〈永井荷風『斷腸亭日乘卷三』大正八年〉

第 7 章

應用篇

先想像成品的麵包製作！

近來常可聽到「更上層樓的 ...」、「為了版本升級而 ...」的說法。可以想像是要做點什麼努力，來更進一步地提升，那麼「更上層樓的麵包製作」是要做成什麼樣子的麵包呢？雖然可能各有很多不同的見解，但筆者個人的考量應該是「先想像成品的麵包製作！」。由入門(初學)至進階(高級)的轉捩點，應該就在這個部分吧。簡而言之地說明「先想像成品的麵包製作！」，就是在各階段的製作過程中，想像烘烤完成麵包的樣貌？膨脹程度？口感？風味？等等，是否能想像得出來呢？

再回到最初，從開始攪拌之前，想像烘烤完成的麵包，要有這樣的膨脹體積！這樣的口感和風味！如此在麵包製作時，投入製作者的全部想像和希望。

接著，這樣的想像，在現實上要用什麼樣的製作方法和配方才能具體實現呢？分割的重量爲何？要做成什麼樣的形狀呢？這些都要依序地考量決定。並且，也同時對各作業時麵團的處理，及強弱等細部進行具體的檢討。

先想像成品的麵包製作！聽起來很簡單的一句話，但「知易行難！」這可不是一朝一夕就能完成的作業。必須要先有某些經驗後才能進行。

非常重要的是在製作麵包時，麵團是要烘烤成什麼樣子的呢？這個絕對是要邊想像才能進行的步驟。將這些經驗有效率地累積起來，就變成「要領訣竅」了。也就是說，筆者本身認爲隨時意識到麵團是否朝著想要的烘烤狀態進行，才是最重要的事。

想像烘烤完成的成品狀態

◎ 想試試製作出唯一的原創麵包嗎！

想試試製作出自己原創的麵包嗎？照著書本上的配方製作麵包固然有其樂趣，但沒有比依照自己的喜好，創作出充滿個人獨特性的麵包更具魅力。當然要製作出個人獨特性的麵包，必須要有相當的知識和經驗，總不能一直看著書本仿效別人的作法。試著拋下這些挑戰一次吧。

說是原創麵包，也不能僅只在填充內餡或是裝飾材料上加以變化而已，來試試連麵團都依自己的喜好製作吧。當然一切都要先從想像成品開始，配合想像成品地將麵團量測分割、滾圓，以至整型等加工技術，都要能加以應對。

這次做爲範例的是筆者想像中的手揉原創餐食麵包(小型)，由製作方法的挑選、配方的構成開始，以至於攪拌、發酵至烘烤的順序，依序具體地加以說明。此外，「爲什麼要這麼做呢？」的理由，礙於篇章僅以概括方式記述，希望能給各位讀者做爲參考。

原創餐食麵包捲200g用量配方

高筋麵粉	90.0%	180.0g
低筋麵粉	10.0	20.0
細砂糖	12.0	24.0
精鹽（餐桌鹽）	1.8	3.6
即溶乾燥酵母	1.5	3.0
奶油	12.0	24.0
脫脂奶粉（skim milk）	2.0	4.0
可爾必斯（濃縮液）	2.0	4.0
蛋黃	4.0	8.0
水	63.0	126.0
合計	198.3%	396.6g

■ 小型餐食麵包的想像

有著鮮艷金棕色的烘烤色澤，又充滿柔軟口感的餐食麵包卷。口感很好又具入口即化的輕盈！有著清爽的香氣，伴隨著奶香和甜味等融合成濃郁風味的麵包。

- 手揉直接法(麵粉200g的用量、45g/1個 ×8個的用量)
- 配方(各種材料可以在百貨公司、超市，或是糕點製作或麵包製作材料行購得)

■ 配方上的特別註記事項

- 添加了1成比例的低筋麵粉，可以更容易咬斷麵包。麵團中的麵筋量減少，烘烤後的麵包內側彈力較弱。
- 精鹽(餐桌鹽)較並鹽含有更高的氯化鈉(鹹味成分)，所以使用量約減少1成，以調整烘烤完成時的鹹味。
- 利用脫脂奶粉(skim milk)來改善烘烤色澤。
- 可爾必斯是爲了增添風味。
- 雞蛋蛋白的卵清蛋白(Ovalbumin)（水溶性蛋白質)，熱凝固時可能會引發粗糙的口感，因此僅只使用蛋黃。蛋黃中所含的卵磷脂之乳化作用，可以使麵包更加柔軟，而胡蘿蔔素(黃色色素)，也具有改善麵包烘烤色澤的效果。
- 細砂糖和奶油爲了強調其風味地略增用量。
- 因爲使用的是高糖配方的麵團，所以即溶乾燥酵母用量也略增。

■ 製作流程

- **攪拌** 用手揉和(毫無遺漏地均勻混拌揉和)
- **麵團揉和完成的溫度** 雖是以27℃ ±1℃爲目標，但要確保至少維持在25℃。
- **麵團的發酵** 15分鐘→壓平排氣→45分鐘 此時壓平排氣的目的並不在於排出氣體，而是希望能夠促使略帶黏度的麵團氧化，使其恢復麵團的彈力。

● **分割・滾圓**　45g×8個滾圓(雖然量測上應該有50g，但實際上用手揉和時，麵團流失較多，因此以 -5% 的程度來預估麵團分量)。

整型

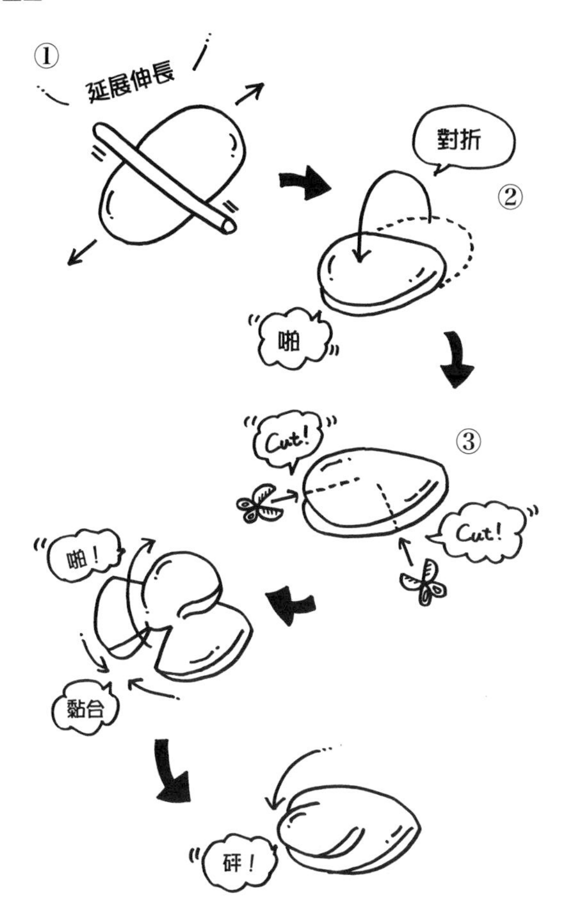

- **中間發酵**　15分鐘(因整型時利用擀麵棍來擀壓麵團，所以必須使麵團完全恢復其延展性)
- **整型**　因爲目標是容易咬下、口感輕盈的麵包，因此整型時的厚度稍薄一點。這部分在之後進行的最後發酵及烘烤都有很大的影響，非常重要。

■ 整型作業(請參考199頁插畫) ……………………………

❶ 用擀麵棒將麵團擀壓成橢圓形。(必須留意使麵團中的氣泡呈均勻狀態)

❷ 將擀壓成橢圓形的麵團對折。

❸ 劃出切口，黏合麵團。

烘烤完成時具閃亮光澤的麵包

- **最後發酵** 30分鐘(麵團較薄，整型時擀壓得較薄，可以不用太長的發酵時間。但經由這樣的製作，可以限制膨脹體積，所以可以同時完成極佳的口感和濃郁的風味)。
- **裝飾** 將1個全蛋充分攪拌後，以茶葉濾網過濾，薄薄地刷塗在全體麵團表面。
- **烘烤** 約以180℃的烤箱烘烤8~9分鐘。最後發酵後的麵團，麵團薄且表面積大，因此烘烤時的熱效率極佳，就能縮短烘烤時間。藉此也可以防止多餘的水分蒸發，使得烘烤出來的麵包口感潤澤柔軟。
- **麵包誕生**

一起來製作美味的麵包吧！

理所當然地，由麵包製作開始，誰不想要製作出美味的麵包？只是，簡單的一句「美味的麵包」，卻是各人見解大不相同。每個人的喜好不同，美味的標準也會略有差異。或許想要烘烤出人人稱讚的美味麵包，是不太可能的，或許修正成「雖然不是我最喜歡的，但確實是好吃的麵包」應該比較有機會達成。反之，以製作者的角度而言，這才是眞本事的發揮。做出不會被吃麵包的人說「好難吃！」的麵包，這才是「一起來製作出美味麵包吧！」的第一步。在此先將技術上的詳細理論擱置不提，眞實面對製作者的基本心情，相信一定會產生更好的結果，也希望能提供給大家做個小小的參考。

■ 製作美味麵包的4大守則

- 自己喜歡的麵包，是否也想請別人吃？希望別人吃到喜歡的麵包嗎？
- 自己想吃美味的麵包嗎？希望別人吃到美味的麵包嗎？
- 自己製作的麵包是否可以主觀或客觀地給予評價？
- 自己是不是隨時都存有想要製作好吃麵包的意願？

這4大守則是成爲製作者的您，在自己與消費者之間對麵包的喜好及官能上的理解。能持續接受他人評價的心意，也是自己對麵包製作的分析和啓發。

例如，大型製作廠商會在超市、量販店或便利商店等銷售，以不特定多數消費者爲對象，因此必須對市場上的趨勢及喜好度進行市調，再以最大交集之目標進行商品的開發。另一方面，地區性的麵包店是以店主或麵包師父的信念爲主，將自豪且堅持的創作，表現在店舖中。一旦成爲專業後，麵包的生產製作變成賴以爲生的職業，因此最後仍會以商業上的結果爲其取向。也就是銷售營業額及成本，必須是在確保利潤之下，這就成了經營責任，因此無論如何都脫離不了商品化的麵包。反觀，麵包迷是在興趣範圍下製作麵包，因此無需揹負責任和結果，單純只是爲了追求美味的麵包。因此想讓對方(家人或朋友等)享用美味麵包而盡力，結果對於烘烤成果及評價也能眞摯地面對。重覆這些思緒，可以說就是「一起製作好吃麵包！」的原點。

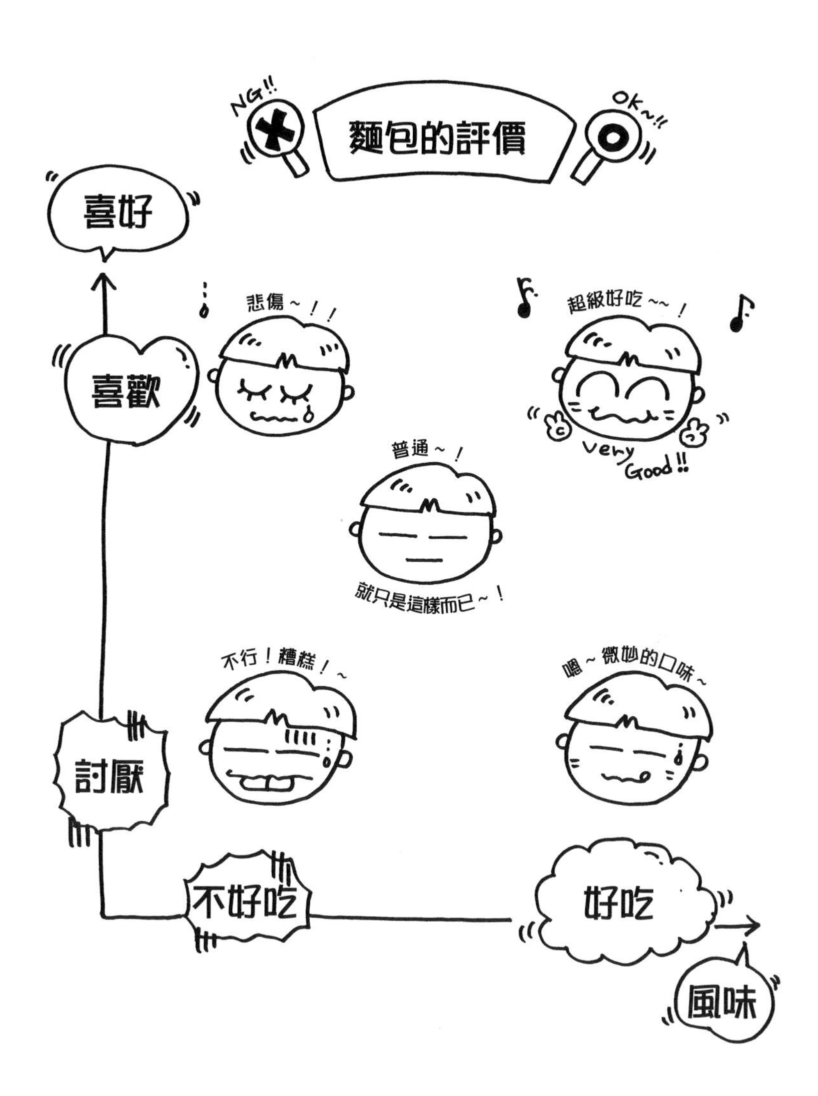
NG!!
麵包的評價
OK~!!
喜好
喜歡
悲傷~!!
超級好吃~~!
Very Good!!
普通~!
就只是這樣而已~!
不行!糟糕!~
嗯~微妙的口味~
討厭
不好吃
好吃
風味

第 8 章

麵包製作的經驗談

麵包製作的經驗談

不僅限於麵包製作，對任何事物都有稱爲基本之處。重視這樣基本的心情，日本人稱之爲「心得」。那麼在麵包製作上，所謂的「基本」、「心得」究竟是什麼呢？以下是筆者對於麵包製作基本的考量以及信念，將之列爲經驗談篇。

分析麵包製作時，可以將其分成(攪拌麵團)→(中間作業)→(烘烤)三項重要步驟。麵團的攪拌作業是「麵團的誕生(born)」。中間作業指的是麵團的發酵及其相關的一連串步驟(壓平排氣、分割、整型等)，是「麵團的育成(Training)」。烘烤是「麵包的上場(début)」。雖然是比較老套一點的說法，但就像是對孩子一樣「希望能生出健康的娃娃，小心地撫養長大，使其成爲頂天立地出色的人」。實際上，對照來說，首先是揮汗地揉和出狀況絕佳的麵團。接著就是守護著麵團，使麵團能夠在最適當的環境中進行作業。最後充分發酵的麵團放入烤箱內，烘烤至散發出撲鼻香氣且呈金黃色澤時，就完成了麵包的烘烤。

製作麵包的這一連串工序過程，最重要的可以說就是「隨時對麵團保持關注！」。麵團中存在著無數的酵母，因此麵團隨時都是在發酵膨脹中，形態和狀況隨時都在變化。因此，不小心的「只是幾分鐘而已！」，就可能使得烘烤的麵包產生劣化。也就是必須在最適切的時間點上進行最適切的處理，這就是「製作美味麵包」的基本。

其次重要的是，要留意迅速地避免傷及麵團地進行作業。獨自摸索學習或是在家裡自行製作麵包時，在技術方面的學習非常困難，因此隨時提高注意力，就能夠提升技術能力。接下來以直接法的手揉麵團爲假設，更加具體地進行解說。

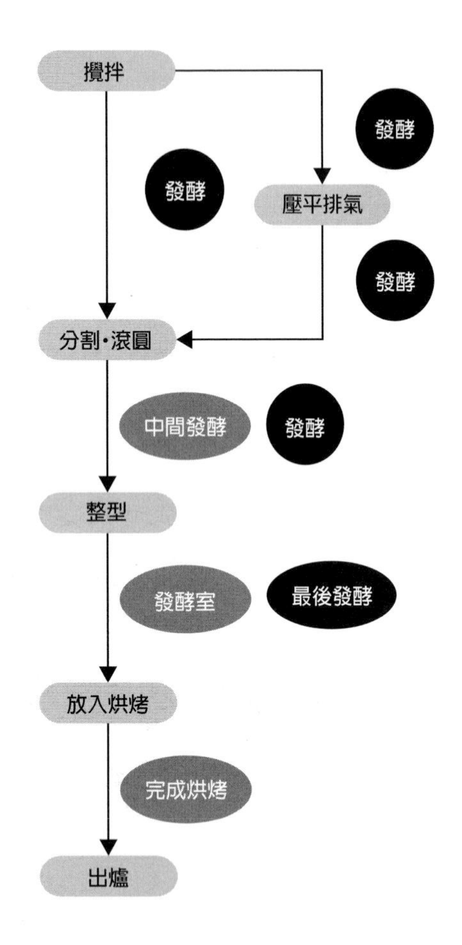
攪拌
發酵
壓平排氣
發酵
發酵
分割・滾圓
中間發酵
發酵
整型
發酵室
最後發酵
放入烘烤
完成烘烤
出爐

◎ 作業•技術篇

首先，請參考208頁的作業表格。●(淡灰色)的部分是人力進行的步驟。以下各作業過程的重點或「要領」再依序加以說明。

■ 配方•量測

- 正確地量測！相對於所有的材料，麵粉和水的用量出錯時，麵團的硬度也會隨之改變，所以接下來的作業也會隨之產生大幅調整的必要。此外，酵母和鹽的用量有出入時，會直接影響到麵團的發酵，因此可能造成麵團的發酵不足或過度發酵，使得接下來的作業管理更加困難。特別鹽分過少時，會變成沒有味道的乾燥麵包，過多時吃起來又會太鹹。無論如何，麵粉、水、酵母和鹽是麵包的基本材料，所以慎重且正確地量測非常重要。
- 除了加入麵團中的配比用水之外，也請另行預備相對於粉類1成左右的水分。

■ 攪拌

- 用手揉和時，無論怎麼做，到了後半段時麵團都會變乾變硬，所以另外準備用量外的水分，請適時地用手灑上水完成攪拌。大約是在攪拌作業的後段，澆灑2~3次左右即可。不需要將預備的水分全部用上。用手揉和與機器不同，不會有過度攪拌的狀況。大部分是攪拌不足，所以即使多花一些時間多流一些汗，也請務必確實完成攪拌作業。當然依麵包種類不同也有所變化，但大部分可以先以30~40分鐘左右爲攪拌時間的參考標準。(麵團的誕生)
- 攪拌至中段後，麵團開始產生較強的彈性，攪打揉和作業會變得更加困難時，可以用缽盆等覆蓋，每2~3次就讓麵團靜置1~2分鐘 / 次。使麵團鬆弛後，待麵團回復延展性，再重覆進行作業。

■ 壓平排氣

- 壓平排氣(排出氣體)無關乎強弱，請用均勻的力道按壓麵團全體，以排出氣體。若是壓平排氣時不夠均勻，發酵快與發酵慢的狀況混雜時，會變成不安定的麵團。

■ 分割・滾圓

- 分割是將麵團儘速地分切成規定的重量，分割完的麵團請刻不容緩地進行滾圓作業。若是滾圓時出現了時間差，則後面靜置後整型的時間也會因而產生落差。所以很重要的是必須隨時留意，使各項作業能集中且迅速地進行。
- 麵團滾圓時，儘可能避免手掌觸及麵團表面地進行。不像搓丸子般用兩手的手掌來搓揉，而是用握著麵團的手與另一手(或是作業檯)利用接觸麵團的部分推動，使麵團不斷朝下滾動，以此方式來滾圓。並且，也請儘可能減少滾圓時的轉動次數。過度觸摸麵團，會增加麵團的負擔而受損，會對後續的發酵作業造成影響。

■ 整型

- 控制手粉的使用！手粉不會成爲麵團的一部分，而會成爲烘烤後麵包的多餘異物。
- 與滾圓相同，請留意儘可能速迅地完成作業。

■ 完成烘烤

- 請留意不要在烘烤過程中打開烤箱門確認烘烤色澤。烘烤過程中一直打開烤箱門，會使烤箱內的溫度降低，影響到烘烤色澤及受熱狀況。此外，若有烘烤不均時，可以上下左右地改變放置在烤盤上的位置來加以調整。

◎ 發酵篇

請再次參考208頁的作業表格。●部分標示的都是麵團的發酵。爲了方便區隔，發酵名稱也略有不同，以下就針對這些發酵重點和特徵，依序加以說明。

■ 麵團發酵(基本發酵或稱一次發酵)

- 麵團的發酵最容易受到環境的影響，所以儘可能準備發酵室，以留意溫度、濕度之管理。
- 麵團發酵的時間最長，所以請適度地確認麵團是否順利地進行發酵。特別必須注意麵團表面應避免乾燥！
- 麵團是以其膨脹來增加體積，所以需慎重考慮放入麵團的容器容量。避免麵團發酵時溢出容器之外！

■ 中間發酵：靜置

- 滾圓後，必須要讓麵團內緊縮的麵筋組織再次鬆弛下來，因此使其放鬆的中間發酵(靜置)千萬不能忘記！藉由麵團的充分發酵膨脹，才能回復麵團的延展性，方便下個階段的整型作業。

■ 發酵室：最後發酵

- 整型後的麵團放入烤箱烘烤時，爲使麵團能夠充分延伸展開，請務必要確實進行最後發酵的知識。在此時的麵團發酵，與麵包的烘烤結果有直接的影響。特別是必須注意發酵不足與過度發酵！
  所謂發酵室就是發酵用的保溫裝置或發酵器的名稱。

基本上麵團揉和完成時至放入烤箱前爲止，麵團每分每秒都沒有休息地持續進行著發酵、膨脹。在此爲了方便而將作業與發酵分開標記，但實際上嚴格說來，即使是分割或整型時，麵團都仍持續發酵中。此外，即使是攪拌的後半或烘烤的前半，雖然很微少，但麵團也確實持續發酵中。更甚者，筆者在麵包的製作方法上，或作業上都會標示出「麵團的發酵」，但同樣嚴格來說，其實指的是麵團中存在的酵母因進行酒精發酵，麵團藉由保持住生成的二氧化碳，而形成的膨脹。也就是如前文中所提的，麵團不斷地發酵、膨脹，所以製作者絕不可以忽視麵團。特別是實際上並沒有進行作業「等待發酵」的時間，並不只是「等待，以進行下一個作業」而已，發酵中的麵團是否過熱？是否流汗了？或是，是否太冷受涼了？必須要同時關注麵團的健康狀態，守護麵團成長。

作業時，請用自己的眼睛和手，正確地確認掌握麵團的狀態，在發酵時，用心來考量麵團的情況，這樣的心情才是「麵包製作」最重要的骨幹，也是筆者深信的不二法門。

家庭中製作麵包最低限度必備的工具

• 攪拌器	
• 刮杓	矽膠樹脂製一體成形的產品，耐熱性佳也較衛生
• 刮板	又稱為 scraper 或 cornu
• 缽盆	直徑 10~30cm 大小的數個
• 方型淺盤	
• 作業檯	有不鏽鋼、木質、大理石等，木質較方便使用。家庭製作時可以購買稱為 pastry board 的板子，有糕點或麵包專用。
• 擀麵棍	
• 量秤	
• 發酵設備	可以放入烤盤之大小，附蓋子又能瀝乾水分的箱籠會比較方便。外側容器浸泡在熱水中，可以視情況利用放置在缽盆、方型淺盤、烤盤上，再將麵包放置於內側的發酵籃內。保麗龍的保冷箱或塑膠的收納箱也可以。
• 溫度計	
• 烤箱	
• 隔熱手套或厚棉手套	要脫去小模型時厚棉手套會比較方便。太薄時可以用二層。
• 烤盤	
• 烤盤紙	
• 冷卻架	
• 過濾器 strainer	過濾用具
• 茶葉濾網	完成時篩撒糖粉等
• 麵包刀(鋸齒刃) 菜刀(萬用菜刀)、小刀	
• 割紋刀	雙刃剃刀般的刀身，帶柄的工具，非常方便。
• 剪刀	
• 毛刷	
• 塑膠墊	
• 噴霧器	

◉如果有會更方便的工具

• 布巾、木板	厚的帆布、5mm 厚與烤盤相同大小的木板

◉某些麵包必要的工具

• 模型類：鋁杯模、紙模	瑪芬模型等、吐司模、皮力歐許模

終因麵包而得福。

親自耕種者，

〈英國〉

第 9 章

想要更瞭解麵包的Q&A

爲什麼？該怎麼辦 ...

麵包和米飯，都是人類生存所不可或缺的熱量來源，也是世界各地作爲主食的食物。關於製作方面，麵包比米飯更需要多花一些時間。特別是發酵麵包，往往小小的失誤，可能就是造成麵包失敗的最大原因。從量測失誤開始，到過程中不小心的失敗等，直到將麵包製作熟悉至成爲自己習慣的本能爲止，過程中應該會遇到許多的「爲什麼？」、「怎麼辦 ...」。俗話說失敗爲成功之母。只要不畏失敗，相信必定能日漸得到要領邁向成功。希望各位讀者麵包製作之路更能樂在其中，在這篇進行「爲什麼？」、「怎麼辦 ...」的解答與回覆。

Q：由麵粉袋子倒出麵粉後，忘了標示也無法分辨到底的是高筋麵粉還是低筋麵粉。有分辨的方法嗎？

A：首先，請先用姆指和中指抓取小撮粉類搓揉看看。若能由脂腹感覺到粗糙顆粒或細滑顆粒，那就是高筋麵粉。高筋麵粉的原料是硬質小麥（請參考114頁），粉末的粒度較粗。另一方面低筋麵粉的原料是軟質小麥（請參考117頁），粒度較細，因此指腹間搓揉時會是潤滑的手感。當搓揉粉類之後，仍然是「到底哪邊？」分不出來的時候，可以試著將粉類溶入水中。首先，將約30g的粉類放入容器內，加入20ml的水分，用手指揉和。粉類可以迅速地揉和成團，產生像橡皮般彈力的，就是高筋麵粉。遲遲無法成團，柔軟又沾黏的麵團就是低筋麵粉。這是因爲高筋麵粉較低筋麵粉，含有更多的麵筋所致。

Q：麵粉先過篩比較好嗎？

A：用於麵包的高筋麵粉，具有較低筋麵粉不容易結塊之特徵，所以即使沒有過篩也沒關係。但家庭製作時，因使用頻率之故，長期保存有時也會容易結塊，所以這個時候最好過篩後再使用。

Q：可以用麵粉以外的粉類製作麵包嗎？

A：如果不管美味與否、不管是否能夠下嚥，那麼答案是「YES ！」。傳統製作上，德國有稱爲 Pumpernickel 以 100% 裸麥製作而成的黑麥麵包。現在日本國內也有 100% 以粳米粉製作的麵包。以下是我個人之淺見，一般而言，以麵粉爲基底，約搭配 20~30% 其他穀物或雜糧的粉類，有助於展現麵包的特性，也能烘烤出容易食用且美味的麵包。

Q：日本國內產麵粉與法國產麵粉，麥芽精或粉末般特殊材料的專賣店，不是每個地方都有，該怎麼辦才好呢？

A：可以多加利用網路商店。現在專業用糕點製作或麵包製作的材料，約有 8~9 成可以透過網路線上商店購得。請先確定價格與販售單位後再購買。

One Point Lesson　麵粉的熟成(aging)

所謂麵粉的熟成，是指製作出的粉類靜置於桶中的步驟。正確地說，由桶裝分裝成袋裝直至出貨後，都還在持續地熟成中。靜置期間會因原麥的種類或製粉狀態而有所變化，但通常是以1~2週為標準。在日本「熟成aging」不夠長時，會說「麵粉太新」；過久時會說「麵粉太老」，但其實未經實際烘焙，都無法確定，所以製粉公司會依每批製造批號，進行測試來調整熟成時間。過去麵包業界也曾對麵粉的熟成問題加以討論，但現今原麥的品質及製粉的精密度都已大幅提升。包含新麥到貨時間，已是整年都能維持安定供應。但有時微量的新麥，水分含量和澱粉酶群的酵素活性較高，一般的熟成時間內，麵粉會有氧化不足之情況。用這種「年輕粉類」製作麵包時，麵團中的麵筋也會有氧化不足的狀況，所以麵團比較容易呈現黏糊狀態。用在營業用的麵包製作，新麵粉到貨時麵包製作商會先降低其吸水率，再增加少量氧化劑，使麵粉能呈現安定狀態。另一方面，老麥會較乾燥，製作出的粉類會令人感覺「乾燥、水分不足」，但實際上在製作粉類的初期階段，添加了水分加以調整，就不會有太大的影響了，因此其實不太需要太在意是新麥或是老麥。例如白飯，新米只要將煮飯時的水分稍減，就能加以調整。這是因為相較於老米，新米的水分含量較高，澱粉質容易轉變成糊化狀態。米因為是顆粒狀態食用，與以粉類狀態運用而略有不同，關於米飯，很多人會說新米比較好吃，但麵包製作的麵粉，則沒有新麥比較適合的限定。只要能夠理解新麥和老麥相差的特性，並將其運用在麵包的製作上才更重要。

Q：即溶乾燥酵母溶化在水中，會影響發酵嗎？

A：不要緊，不會有任何影響。即溶乾燥酵母不需要溶化在水中，直接與粉類混合使用即可，反而更簡便。但若是溶於水中，立刻開始了酵母的活性化，所以請馬上開始攪拌作業。

Q：使用新鮮酵母的配方，是否可以置換成即溶乾燥酵母呢？

A：YES ！可以置換。在材料篇已有說明，即溶乾燥酵母濃縮了較新鮮酵母約3倍的活性酵母細胞，所以置換成即溶乾燥酵母時，單純計算約是原使用1/3的量。實際上，考量到麵包的種類等，約調整成新鮮酵母用量的30~40%即可。但不可以忘記，即溶乾燥酵母有分成高蔗糖型和低蔗糖型兩種，運用在LEAN類(低糖油成份配方)麵團時要用低蔗糖型，用在RICH類(高糖油成份配方)麵團時，要用高蔗糖型，才可以讓麵團更順利地進行發酵。

Q：也可以使用含鹽奶油嗎？

A：可以使用。含鹽奶油是添加了食鹽(加鹽)的奶油，各家廠商的加鹽比率各有增減，通常是奶油重量的1.5%左右。也就是使用100g的含鹽奶油時，就會多了1.5g的食鹽添加在麵團中，因此使用大量奶油時，要調整配方中食鹽的含量。如果沒有調整，麵包可能會變得太鹹，也可能會影響到麵包的發酵。

Q：試著挑戰製作法國麵包。但完全忘了放入維生素C，該怎麼辦才好呢？

A：添加維生素C的目的，是爲了使麵團更安定，以改善麵團的製程和膨脹體積。實際上藉由添加可以改良麵團的沾黏以及彈力。因此若是忘了添加維生素C，可以有以下兩個方法。❶略略增長麵團的發酵時間。❷藉由略強的力量進行壓平排氣的作業，以促進麵團的氧化及麵筋的緊縮。雖然麵包製作的時間，大約會增長約1成左右，但是完成的麵包與添加了維生素C的麵包，幾乎沒有什麼不同。應該要注意的是，現在市售的即溶乾燥酵母，大部分都已經適度地混入了維生素C。這麼一來也不用特地添加了。在購買即溶乾燥酵母時，一定要先確認其中的成分標示，請確認是否含有維生素C（抗壞血酸）。順道一提，法國於1953年，日本於1957年，維生素C都已被許可添加於食品中。

Q：麵團發酵（基本發酵）與最後發酵，要如何辨別判斷其最佳狀態呢？

A：基本上以經驗法則來判斷，首先目視確認麵團是否充分地膨脹。其次用指腹輕輕按壓麵團表面，確認麵團表面彈性及張力。麵團發酵時，用手指按壓後，留有按壓痕跡的程度，就是發酵至極的高峰。反之，即使用手指按壓，麵團也會立刻回彈，就可以視爲發酵不足。最後發酵時，用手指按壓略感彈力，並且不會留下按壓痕跡時，即可。

Q：中間發酵（靜置）是否充分，該如何判斷才好呢？

A：通常，中間發酵是爲了緩和（放鬆）分割滾圓後緊縮的麵團，所進行的發酵（靜置）。目的是爲使整型作業可以不增加麵團負擔地順利進行。判斷標準，是以目測麵團膨脹了一倍，而輕輕抓取部分麵團拉扯，麵團可以隨之拉開，就可以開始進行整型作業了。會因麵團的種類、大小及強度而各不相同，中間發酵時間也隨之不同，務請必多加留意。

Q：發酵中的麵團忘了進行壓平排氣。是否能做出具有膨脹體積的麵包呢？

A：雖然簡單的一句壓平排氣，但因麵團的不同，發酵時間及壓平排氣的時間點，也都不同，所以非常抱歉無法做出最適切的回覆。以參考標準而言，壓平排氣前的發酵時間和麵團的膨脹率超過1成時，請進行壓平排氣，之後繼續進行其他作業。雖然有可能會變成過度發酵的麵團，但還是可行。如果超過以上的時間點時，就不要進行壓平排氣(無壓平排氣)地在發現的時間點，接著進行後續麵團分割滾圓的作業。此時必須多加留意的是，滾圓作業必須用較強的力量來進行。稍強的施力，可以取代省略掉的壓平排氣，利用麵團滾圓的階段儘可能地緊實強化麵筋組織。如果中間發酵(靜置)時，麵團仍沒有辦法緊實，呈現鬆弛狀態，請再次重新輕輕進行滾圓作業。之後再次接續進行中間發酵(靜置)，再進行整型，應該就能大幅回復麵團的發酵能力和緊實感了。請不要慌張地進行步驟。

Q：麵團整型時不易延展，產生麵團斷裂的狀況。爲什麼呢？

A：最大的原因應該是中間發酵(靜置)時間過短。中間發酵，是爲了鬆弛滾圓時緊縮起來的麵筋組織，使麵團在整型時能回復其延長伸展能力的必要時間。如果發酵時間不足，麵團中的麵筋延展性沒有恢復，就會持續呈現緊縮的狀態。這樣的狀態下進行整型，麵團無法被展延而縮緊，過度用力時就會造成麵團的斷裂。爲了避免麵團變成這樣的狀態，請充分地進行中間發酵(靜置)。若是覺得已經確實地進行中間發酵，但整型時麵團仍感覺彈力及緊縮，請中斷作業，再稍加放置。若無視於此，而繼續進行步驟，麵團就會受損。

Q：試著製作奶油卷。但放入烤箱前忘了將蛋液刷塗在麵團表面。是否就無法烘烤成金黃色的色澤呢？

A：刷塗蛋液是爲了呈現出光澤，所以即使沒有刷塗也不會影響麵包的口感。但是閃著金黃色光澤確實比較吸引人。若是忘了，可以在出爐時，立刻刷塗上融化奶油或酥油以增加光澤。但表層外皮會因而變軟，這就是兩難之處了。

Q：相較於剛烘烤出爐，出爐稍加放置後的麵包會更美味，是爲什麼呢？

A：剛出爐的麵包雖然很香，但卻不會想要立刻大快朵頤。相較於剛出爐的麵包，稍稍放置一下下的麵包會更美味。理由是剛烘烤好的麵包中含有大量的水蒸氣，所以口感有些黏糊。當然這也與麵包的種類和大小有關，放置在冷卻架上約30分鐘至2小時左右，稍稍散熱後，釋出麵包內的水蒸氣，就可以享受到麵包輕盈的口感了。還有水蒸氣當中含有芳香性酒精和有機酸等香味，這些也會一併隨之蒸發而減少了刺激性的味道。稍稍放置後的麵包，比起剛出爐的麵包，除了口感更清爽之外，也多了一點柔和圓融的香味。

Q：烘烤完的麵包，膨脹體積不足，是哪裡不對呢？

A：麵包膨脹體積不足的原因有好幾個。大概都不是單一原因造成。最具代表性的可能是以下所列舉之原因，請審視是否是這些因素所造成。

❶麵團是極端堅硬或柔軟時 ❷酵母用量太少時 ❸麵團的溫度過低時 ❹發酵時間不足時 ❺最後發酵不足等等。

Q：烘烤完成的麵包立刻變硬了。想要做出能保存更多天的麵包，該如何製作呢？

A：基本上，像法國麵包般 LEAN 類(低糖油成份配方)的麵包，會比較早開始變硬。這是麵包的特性，也是沒有辦法的事。如果在家裡想要製作能保存較多天的麵包時，可以留意以下的事項。

❶增加含水量＝麵包含水量增加時，麵包比較柔軟 ❷增加油脂成分＝增加油脂成分可以防止水分的蒸發 ❸增加蛋黃＝促進麵團的乳化，提高麵包的口感 ❹用手揉和時，十二萬分仔細地揉和麵團＝使麵團具有良好的延長伸展，以追求麵包的膨脹體積 ❺不要過度烘焙＝除了可以防止表層外皮硬化之外，還可以防止過多的水分蒸發。

以上述事項爲鑑，且採 RICH 類(高糖油成份配方)& 軟質麵包的配方製作，就能增加保存時日。

後記

麵包誕生至今已經有數千年了！從煎餅開始到現在我們所享用膨鬆柔軟的麵包，人類在漫長的歲月裡眞是受到了許多的恩賜。爲什麼獨獨麵包如此受到青睞呢？首先，麵粉中含有上蒼恩賜的特殊蛋白質，能夠形成富有延展性的薄膜。另一主角，也同樣是老天爺給的禮物，那就是酵母，能夠分解麵粉中的澱粉並加以消化。結果是釋出了大量的二氧化碳，麵筋包覆了這些二氧化碳，就像汽球般膨脹地完成膨鬆美味的食品。應該沒有其他食品像麵包般膨脹吧。無論怎麼想，麵包膨脹成原來麵團的幾倍大，所以光是這個部分就是個不可思議的現象。還有其他材料與麵粉的相適性，特別是鹽、砂糖、奶油、雞蛋和牛奶等，這些使麵包更美味的材料相適性極佳，對於麵包的進化有著極大的貢獻。

再加上乾燥水果與堅果類等，爲麵包帶來更多樣的變化，使麵包的存在更添魅力。麵粉除了可以自由地變化形狀之外，還能同時容許各式材料相搭配，可以說是獨一無二的食品材料。現在廣泛地運用在麵包、麵類、糕點或點心上，全世界每年約使用7億噸，被利用於各類食品及加工，是穀物類如君臨天下般的第一名。

現今，日本國內的麵包，有著世界少見足以自誇的多種類型與商品。在超市、便利商店、百貨公司地下街麵包店當中，麵包的種類不下百種或者更多於百種以上。特別是便利商店商品壽命(Life Span)較短，必須不斷地推出新的商品。令人感歎只有大型製造廠商和相關廠商才有足以應對之能力吧。但也因爲有了這些努力，我們可以每天吃到豐富變化的美味麵包，可以有多樣化的選擇也可謂相當幸福。我們現在食用的麵包，多半當成嗜好品來享用，但不能忘了世界上也存在著二千多年來從未改變，僅以麵包爲主食的民族。也正是因爲他們的主食是麵包的原故。

身爲日本人，我們是以米飯、麵類和麵包類爲三大基礎食品，並依個人喜好和生活環境來區分食用，也就是「沒有特定主食之民族」。以筆者的立場而言，對於日本的麵包事業發展，確實是値得令人開心的事。但在思考今後日本特有的飲食文化該如何構築發展的同時，對於擔任發展要角的麵包及麵包飲食，心懷期待但又無可避免地感覺到不安。誠心地希望藉由本書能多少啓發大家瞭解麵包的本質，同時也祈望以此爲基礎，對日後應有的發展加以支持並倡導。

筆者

索引

A-Z

1-5劃

6-10劃

11-15劃

16-20劃

21劃以上

吉野精一 [YOSHINO SEIICHI]
「辻調グループ」麵包製作專任教授

1979年　辻調理師專門學校畢業
1980年　日本麵包學校麵包製作課程結業
1981年　American Institute of Baking 麵包製作科學科畢業
1986年　Kansas State University 農業部穀物學科畢業
1987年　辻製菓專門學校就任
1993年起至今，任職於 École 辻大阪 麵包製作專任教授

長年以來，專心致力於近代麵包製作之科學及技術層面，在學術界及產業界皆有相當高的評價。此外，精通以穀類爲主的飲食文化及歷史。在日本是少數活躍於第一線的研究者。

著作

- 麵包製作入門（鎌倉書房）
- 用科學方式瞭解麵包的爲什麼（大境文化出版）
- 由基礎瞭解麵包製作之技術（柴田書店）等

Easy Cook

解答所有麵包的為什麼?
麵包製作的科學

作者　吉野精一
出版者 / 大境文化事業有限公司　T.K. Publishing Co.
發行人　趙天德
總編輯　車東蔚
文案編輯　編輯部　美術編輯　R.C. Work Shop
翻譯　胡家齊
台北市雨聲街77號1樓
TEL：(02)2838-7996　　FAX：(02)2836-0028
法律顧問　劉陽明律師　名陽法律事務所
初版日期　2014年7月
定價　新台幣 380元
ISBN-13：9789868952782　　書　號　E92

讀者專線　(02)2836-0069
www.ecook.com.tw
E-mail　service@ecook.com.tw
劃撥帳號　19260956 大境文化事業有限公司

PAN DUKURI NO KAGAKU: PAN NO NAZE? NI KOTAERU

Originally published in Japan in 2012 by SEIBUNDO SHINKOSHA PUBLISHING CO., LTD.
Chinese translation rights arranged through TOHAN CORPORATION, TOKYO.

解答所有麵包的為什麼？麵包製作的科學
吉野精一　著 初版．臺北市：大境文化，2014[民103]
240面；15×21公分．----(Easy Cook 系列：92)
ISBN-13：9789868952782
1. 麵包　2. 烹飪　3. 食品科學
439.21　　103008255

Staff
插畫 ■ 栗田直美(エコール 辻 大阪)
書籍設計 ■ 松田行正+日向麻梨子(マツダオフィス)
採訪、文章 ■ 鈴木和可子

參考文獻(諺語)
Wilhelm Ziehr 著作之『麵包的歷史』(同朋舍)